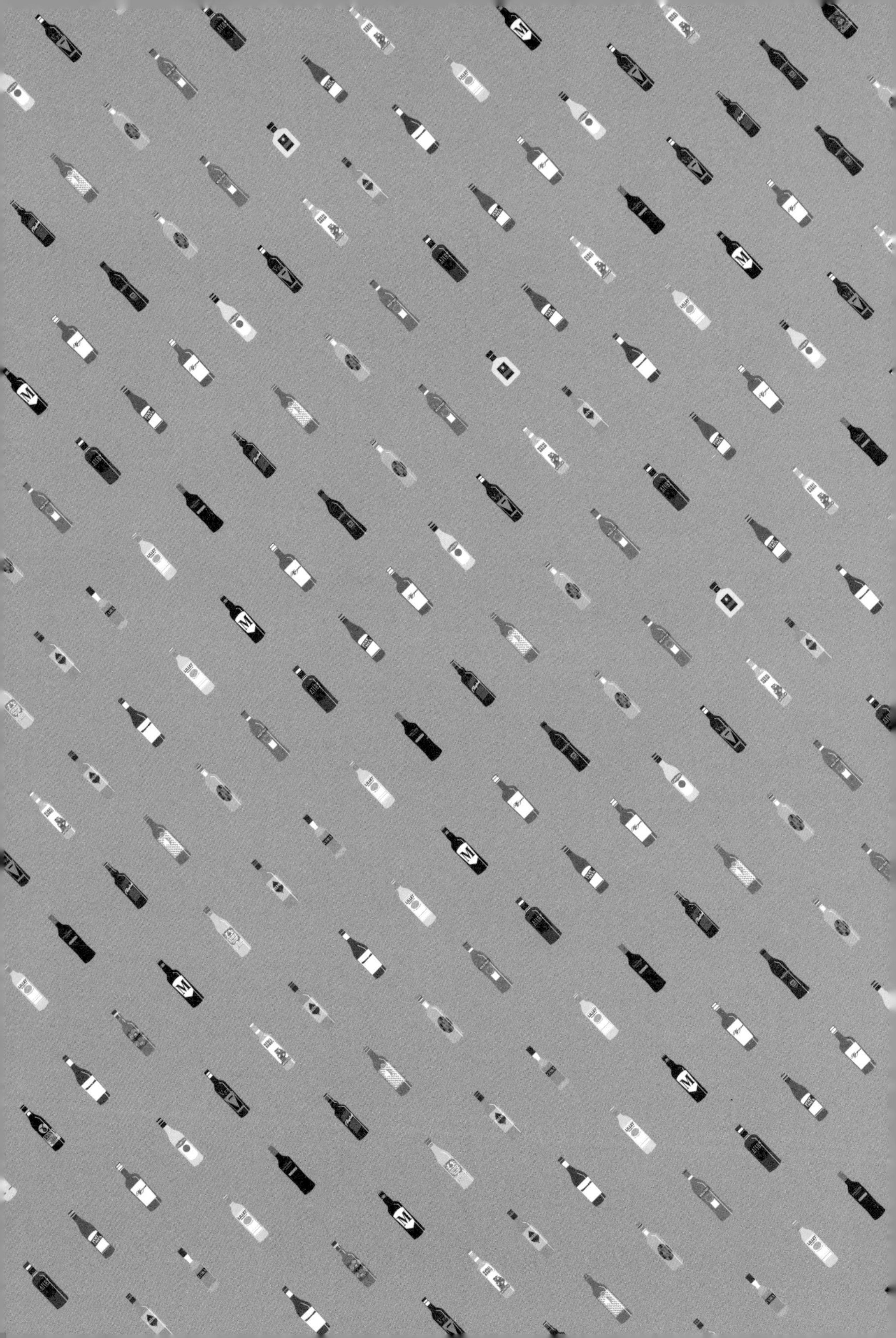

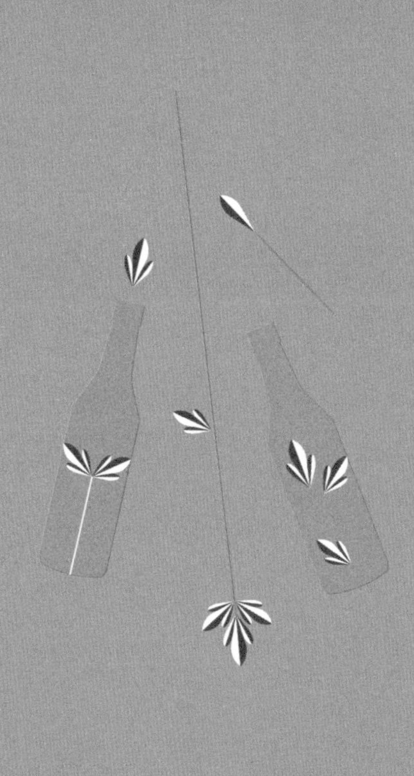

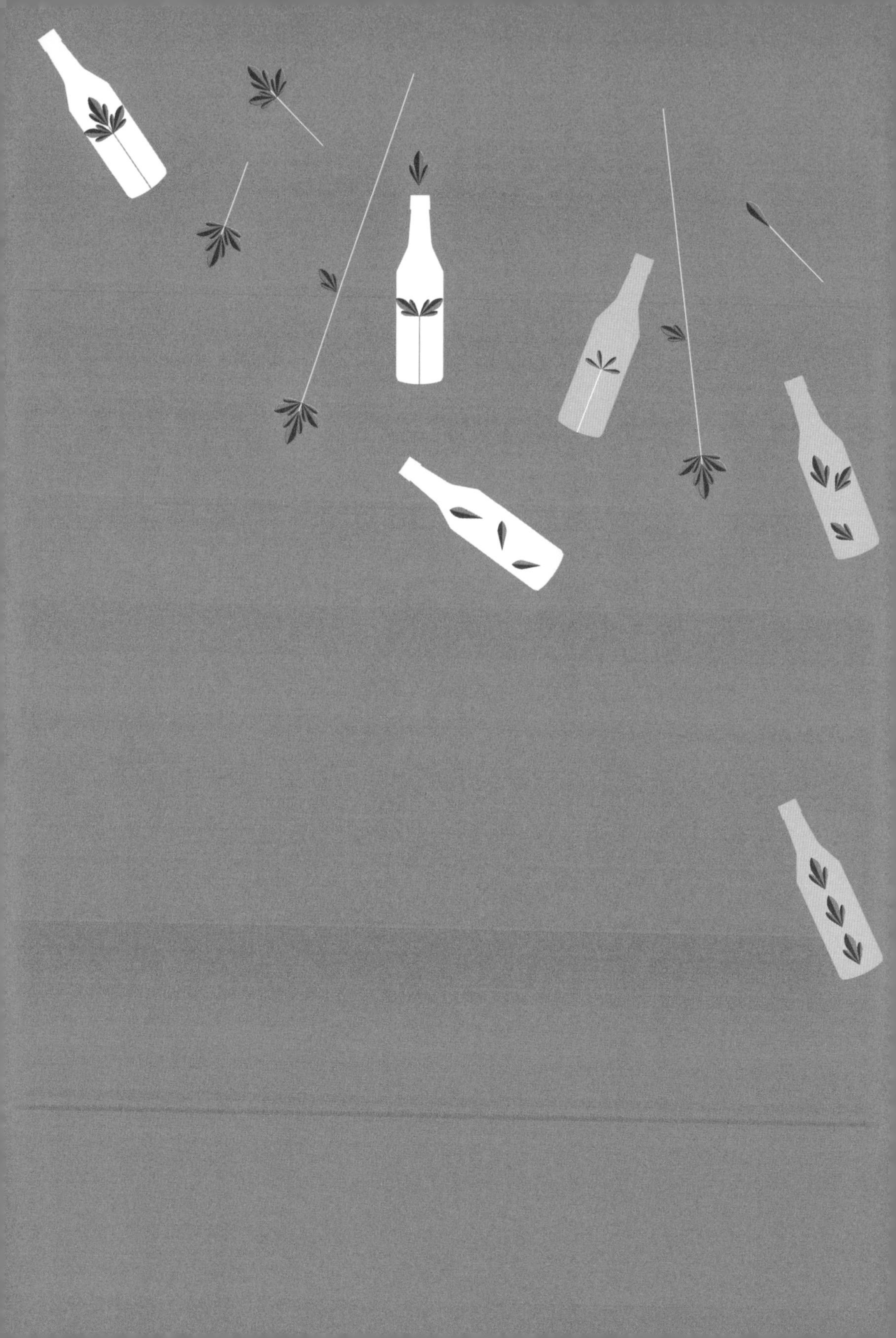

调酒之魂

味美思酒（VERMOUTH）

[澳]肖恩·拜恩（Shaun Byrne）
[澳]吉尔·拉巴鲁斯（Gilles Lapalus） 著
[澳]杰克·霍金（Jack Hawkins） 摄影
杨凯文 译

華中科技大學出版社
http://www.hustp.com
中国·武汉
有书至美
BOOK & BEAUTY

本书的专家

吉尔·拉巴鲁斯（Gilles Lapalus）
酿酒师，萨顿园（Sutton Grange）酒庄庄主

肖恩·拜恩（Shaun Byrne） 调酒师

裘德·迈尔（Jude Myall） 植物学家

提姆·恩特维斯（Tim Entwisle）
植物学家，国际植物园保护联盟主席，澳大利亚维多利亚州皇家植物园主任

卡梅伦·麦肯齐（Cameron Mackenzie）
酿酒师，四柱金酒（Four Pillars Gin）创始人之一

目录

酿酒师
谈味美思

说起味美思，有两类人可能会比较熟悉：一类是混迹于鸡尾酒吧的年轻一代，另一类是已经到退休年龄的老酒友。

就在最近，味美思在媒体上掀起了不小的波澜，并重新出现在消费市场上。对许多人而言，由于一些国际酒类品牌的产品，味美思的名字并不陌生，但普通酒友往往不会把味美思视作葡萄酒。大多数情况下，味美思都被归类为“蒸馏酒”。

每次谈到味美思，很多人总会问我：“味美思到底是什么酒呢?”作为一个在酒类行业中混迹大半生的职业酿酒师，我将首先从酿酒的角度进行解读。在有关味美思生产的章节（见第34页）中，你会发现，究其本质而言，味美思是一种葡萄酒，或者更准确地说，是一种加香型葡萄酒。

当然，我也会从历史发展的角度来解读味美思。味美思的历史最早可以追溯到中世纪时期，由克吕尼修道院（the Abbey of Cluny）的本笃会（Benedictine）修士酿造出的希波克拉斯酒（hippocras）——一种加香葡萄酒。如此来看，味美思的历史几乎和葡萄酒一样源远流长，其悠久的演变历程有着鲜明的时代特色与历史气息，十分引人入胜。

味美思的历史带领我们走进了植物世界，而正是这些神奇的植物共同组成了味美思独特的风味。

从最初的关于味美思的考古发现，到香料之路（the Spice Routes）[①]，再到澳大利亚原住民在味美思生产过程中使用的一些当地特色植物，这些都为我们勾勒出了一个包罗万象的味美思世界。在这次探索之旅中，我们不仅会遇到许多不同品种的味美思，也会去了解这种加香型葡萄酒各式各样的生产方法。

等我解释完味美思到底是什么酒之后，第二个问题就来了："这种酒一般该怎么喝呢？"作为职业酿酒师，我的回答是："味美思既可以很好地佐餐，也可以单独饮用。"在探索内格罗尼鸡尾酒（Negroni）[②]的过程中，我逐渐开始关注味美思，并最终选择了酿造味美思作为我的终身职业。因此，看到许多一流的厨师都开始选择味美思作为烹饪辅料或者佐餐酒，我倍感荣幸。当然，我个人还是更推荐像其他葡萄酒一样，将味美思佐餐饮用。接下来，身为调酒专家，同时也是我在迈登尼（Maidenii）的生意伙伴肖恩，以及其他一些世界顶尖的调酒师，将共同带领读者朋友们探索混饮味美思的神奇世界。

味美思是很有意思的一种酒，它与葡萄酒完全不同，这种酒相当灵活多变。葡萄酒总是高高在上，从生产到消费的每一个环节都充满了仪式感。专门的酒窖、标准化的服务流程、专用的酒杯，无一不体现出葡萄酒的高贵气质。这样高格调的酒当然不应该和其他任何酒混合饮用，只能单独品鉴。味美思则不一样，纯饮不失其魅力，加入其他酒类混饮也颇有韵味。如果说厨师烹饪佳肴离不开精心挑选的优质食材，那么调酒师要调配美酒就离不开优质的味美思。

解答完第二个问题，还有最后一个问题："很多人买了味美思之后，只喝了几口就再也没碰过。剩下的味美思随手往橱柜或者吧台架子上一搁，而这一搁就是好几个月乃至好几年。"我衷心希望，这本书能帮您找到合适的方法来饮用这瓶搁置已久的味美思。我更希望，在看完本书后，书中介绍的这些方法能让您真正爱上味美思，让味美思成为您生活的一部分。

干杯！

吉尔·拉巴鲁斯

译注：

①香料之路：指历史上连接东方和欧洲的海上贸易线路，因为贸易的主要货物为香料、丝绸而得名。西方世界所谓的"香料之路"其实就是我们所熟悉的"海上丝绸之路"。

②内格罗尼鸡尾酒：一种起源于意大利的鸡尾酒，以金酒为基酒，加上甜味美思和金巴利酒等酒类调制而成。

调酒师
谈味美思

很多人都问我是如何与味美思鸡尾酒结缘的?

这要从我在金酒宫（Gin Palace）酒吧的工作说起。一开始，我想要调配出比市售鸡尾酒糖浆品质更好的糖浆。当然，我也没有止步于此。在开始调配味美思鸡尾酒之前，我还陆续尝试了灌木糖浆（shrub）①和比特酒（bitters）②的调配。通过这些探索与试验，我逐渐熟悉了味美思的各种成分——葡萄酒、蒸馏酒、糖、味美思，还有其他植物类草药，于是我就去买了一些原料来试着调配。一开始的结果虽称不上惊喜，但也还不错，这给了我继续探索的动力。后来，我又了解到，味美思本质上其实是一种葡萄酒，看来还要有懂葡萄酒酿造的高人指点才行。于是我就请吉尔一起吃了顿饭。席间，我们畅谈了对于味美思的热爱，当然也谈到了味美思鸡尾酒的调配。

译注：

①灌木糖浆：一种不含酒精的糖浆，由浓缩的水果、香料、糖和食用醋混合而成，是传统的苏打饮料，也可以用来调配鸡尾酒。

②比特酒：又称苦酒或必打士，是在葡萄酒或蒸馏酒中加入树皮、草根、香料及药材浸制而成的酒精饮料。该酒酒味苦涩，酒精度数在16~40度之间。

鸡尾酒的调配从来就离不开味美思，过去如此，现在如此，将来也依然会如此。不同品牌的味美思呈现出的口味各异，有的偏甜，有的略酸，还有的偏苦，部分品牌的味美思甚至还会带点咸味。丰富多样的风味让味美思在鸡尾酒的调配中大显身手，可以灵活使用，以突出鸡尾酒的各种口味。在传统的鸡尾酒调配中，基酒一般使用的是高度数的蒸馏酒，味美思一般只是作为辅料添加，而随着现代人饮酒的度数越来越低，如今味美思也可以用作基酒来调配鸡尾酒了。味美思本身酒精度数相对较低，口味丰富，越来越多的品牌也开始推出自己的味美思，这给了调酒师充分的选择空间。这一切都为味美思重回公众视线打下了坚实基础，毕竟作为一种酒，调酒师的推荐才是最有说服力的。

我一直热切地希望帮助大家了解味美思，包括如何单独饮用、如何与其他酒类混合饮用以及如何储藏。味美思淡出公众视野已经有很长一段时间了，所以很多人对这种酒都不太了解。我在金酒宫酒吧工作时，就时常能听到有人说：“味美思？那不是我奶奶年轻时候喝的酒吗？”所幸有调酒师坚持用味美思调配鸡尾酒，也有酿酒师坚持推荐饮用味美思，还有作家坚持撰写有关味美思的书籍，这一切努力最终让味美思重获新生，再度出现在大众视线中。在阅读本书的第一部分时，您可以拿起一瓶最喜欢的味美思，边喝边看；读第二部分的时候，您还可以边喝边学，学着如何用味美思调配鸡尾酒。

干杯！

肖恩·拜恩

第一部分

味美思面面观

味美思的历史

味美思的发展与酿酒技术的进步密不可分。

帕特里克·麦戈文（Patrick McGovern）教授是一位考古界的传奇人物，人称“古代麦芽酒、葡萄酒和其他饮品研究的印第安纳·琼斯”[①]。麦戈文任职于美国费城宾夕法尼亚大学博物馆，是该馆生物分子考古学项目的科研主任，其主要研究领域涵盖古代烹饪、发酵饮料和健康。他为葡萄酒历史的研究提供了许多崭新的视角。

在过去的15年中，考古工作者采用了新的研究方法对遗迹进行了分析，解读出一些有趣的信息。2017年11月，在格鲁吉亚一处遗址出土的陶片中，考古工作者发现了古老的有机化合物成分。通过化学分析，他们发现这些化合物的历史可以追溯到新石器时代早期（约公元前6000—前5000年）。这一发现证实了近东地区的葡萄栽培与葡萄酒酿造的历史。

2004年，在位于中国黄河流域的贾湖新石器时代遗址中，麦戈文教授和他的团队发现了一些历史遗存物，时间可上溯至公元前约7000年。这很可能是世界上最早关于酒精饮料的考古学证据。据分析，贾湖遗址中发现的这些酒精饮料可能是作为药用。在距今更近的一处遗迹（约公元前1050年）中发现了一些植物成分，其中包括两种芳香族化合物，其来源可能是树脂、雏菊或艾草（很可能是青蒿或艾蒿）。这些植物被浸泡在米酒中，在一定程度上可以算是味美思的早期雏形了。时至今日，以上提到的这些植物依旧是常见的中药配方。

在塔斯马尼亚，当地人会采集冈尼桉（Eucalyptus gunnii）的汁液来酿造一种叫作“瓦雅迪纳”（Wayatinah）的酒精饮料。而在西澳大利亚西南部，诺

译注：
①印第安纳·琼斯是《夺宝奇兵》系列电影的主角。作为一位考古学教授和冒险家，琼斯在世界各地寻宝。

加人（Noongar）将富含花蜜的班克西亚（banksia）花浸泡在水中，调配成一种名为玛格纳奇（Mangaitch）的饮料。在昆士兰州西南部的一些地方，人们把紫荆花与本地产的舒格巴（sugarbag）蜂蜜混合，酿制成了一种加香蜂蜜酒。

新的考古发现不断拓展着我们的知识，也完善着葡萄酒与味美思的历史。总的来说，葡萄酒的历史可以大致分为三个时期。

中古时期

公元前9000年—1500年，中国与欧洲地区

这一时期的葡萄酒常常与其他物质，特别是植物性物质混合。此时，人类还没有掌握蒸馏的技艺，主要通过水果和谷物的发酵来生产酒精。中古时期的葡萄酒多用于宗教仪式，同时也越来越多地作为药物使用。有一点值得注意：希腊人在酒会上饮酒，罗马人也大量饮酒。这标志着人们不仅仅把酒当作药物服用，也开始因消遣享乐而饮酒了。渐渐地，葡萄酒历史上的第二个时期出现了。

工业时期

1500年—1990年，主要位于欧洲地区

直到文艺复兴时期，加香型葡萄酒主要还是作为药用，只有少数能消费得起葡萄酒的精英阶层才将其作为饮品。而随着美洲新大陆的发现、资产阶级诞生之后，更多的人开始饮酒。在18世纪晚期的意大利，味美思行业的发展始于紧邻阿尔卑斯山的城市——都灵。为了满足本地市场和新兴国际市场的需求，都灵味美思作为一项重要的出口产业迅速发展壮大起来。仅次于意大利的第二大生产国是法国，这里生产的味美思大量出口到美国，行业形势一片大好。在美国，新兴的开胃酒成了法国产葡萄酒的直接竞争对手。到了19世纪后期，西班牙国内也出现了两大酒种彼此竞争、分庭抗礼的局面，这两种酒分别是赫雷斯（Jerez）地区生产的雪莉酒与其他地区生产的味美思。

现代

1990年至今，遍布世界各地

在近20年里，传统酒类品牌纷纷推出加香开胃酒，其中当然也包括味美思。德国、荷兰、美国、新西兰、澳大利亚和南非都涌现出不少味美思新品。味美思的复兴实际上是沾了鸡尾酒和其他精酿蒸馏酒（特别是金酒）的光，这两类饮品如今都大受欢迎。西班牙传统周日礼拜结束后的“L'hora del vermut”，即“味美思时间”，人们从过去的酒吧转移到了现在的各式西班牙塔帕斯吧（the tapas or pintxos bar）中。意大利和世界其他地区的开胃酒也都开始欣然接受比特酒了。味美思的产地连起来是真的可以绕地球一圈了。

现如今，越来越多的人开始有意识地去选择本地生产的产品。在澳大利亚，这种趋势让原生植物重获关注。这些原生植物开始出现在家庭烹饪里，也出现在制酒行业的配料表中。可以说，这是传统的回归与复兴。

中古时期

公元前

土耳其和伊朗
在托鲁斯山脉（Taurus Mountains）、高加索山脉（Caucasus Mountains）和扎格罗斯山脉（Zagros Mountains）地区，发现了世界上最早的关于酒文化的考古学证据。
公元前9000年

中国
2004年，在贾湖新石器时代遗址中发现了世界上最早的酒精饮料考古学证据。
公元前7000年

格鲁吉亚
在格鲁吉亚遗址中发现的陶器上找到了有机化合物成分，这是世界上最早的关于葡萄栽培与葡萄酒酿造的生物分子证据。
公元前6000年—前5000年

伊朗北部地区
在哈吉遗址（Hajji Firuz Tepe）中，发现了最早关于酒的化学证据。
公元前5400年—前5000年

希腊
公元前4500年

土耳其南部地区
2000年，当地发现了炭化葡萄籽、烧焦的葡萄木和完整的浆果干。
公元前3400年—前3000年

约旦
在特厄舒纳遗迹（Tell esh-Shuna site）中发现了葡萄种子。
公元前3300年—前3000年

希腊克里特
当地发现了酿造树脂香型葡萄酒的考古证据。
公元前2200年

▹ 最早关于酒的考古发现

亚美尼亚
公元前4100年

▹ 最早关于酿酒厂的考古发现。

埃及
一位早期法老蝎子王（Scorpion）的陵寝中出土了带耳瓮罐（Amphore），罐中发现了植物提取物。
公元前3100年—前2900年

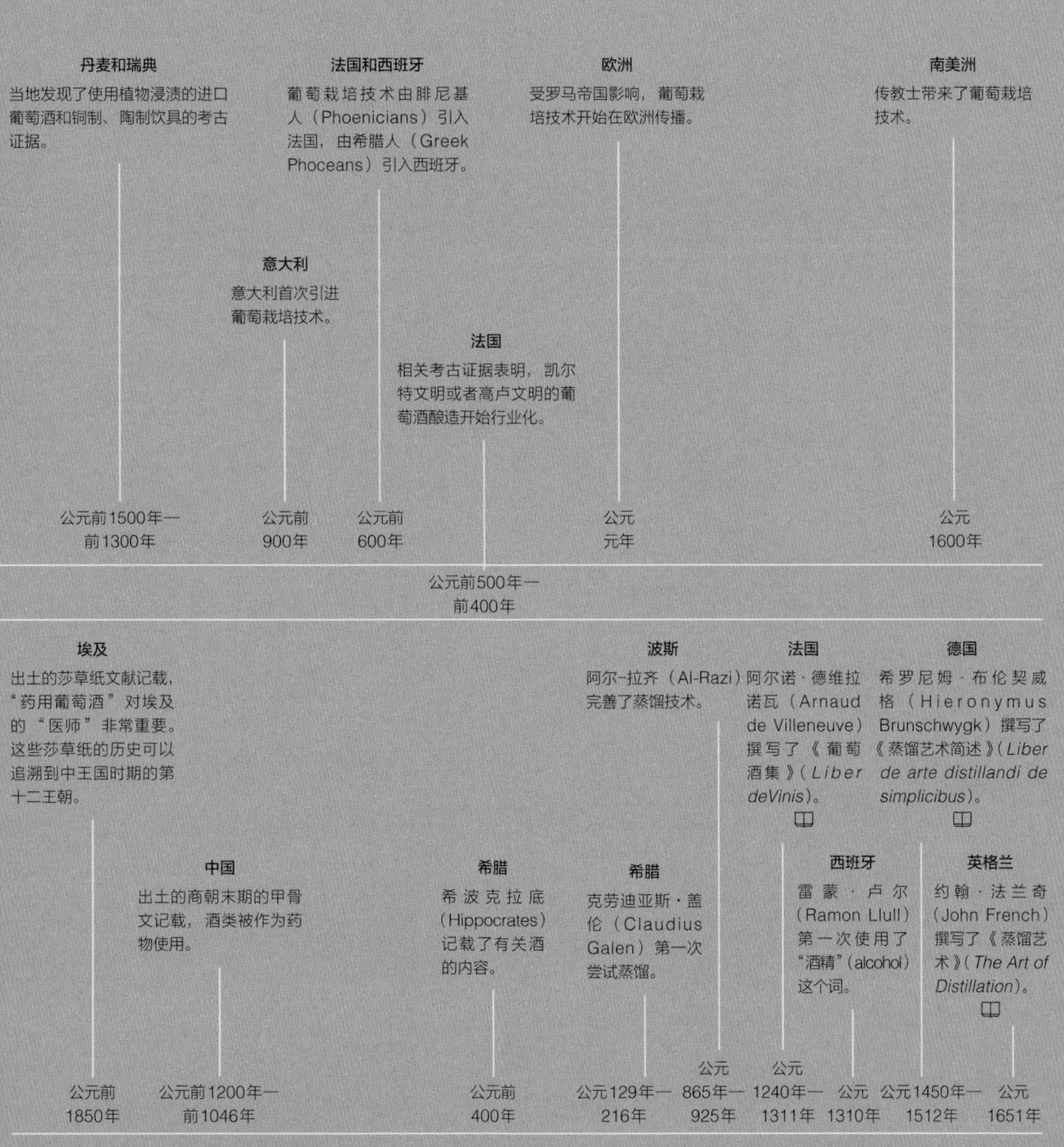
丹麦和瑞典
当地发现了使用植物浸渍的进口葡萄酒和铜制、陶制饮具的考古证据。
公元前1500年一前1300年
意大利
意大利首次引进葡萄栽培技术。
公元前900年
法国和西班牙
葡萄栽培技术由腓尼基人（Phoenicians）引入法国，由希腊人（Greek Phoceans）引入西班牙。
公元前600年
法国
相关考古证据表明，凯尔特文明或者高卢文明的葡萄酒酿造开始行业化。
公元前500年一前400年
欧洲
受罗马帝国影响，葡萄栽培技术开始在欧洲传播。
公元元年
南美洲
传教士带来了葡萄栽培技术。
公元1600年
埃及
出土的莎草纸文献记载，“药用葡萄酒”对埃及的“医师”非常重要。这些莎草纸的历史可以追溯到中王国时期的第十二王朝。
公元前1850年
中国
出土的商朝末期的甲骨文记载，酒类被作为药物使用。
公元前1200年一前1046年
希腊
希波克拉底（Hippocrates）记载了有关酒的内容。
公元前400年
希腊
克劳迪亚斯·盖伦（Claudius Galen）第一次尝试蒸馏。
公元129年一216年
波斯
阿尔-拉齐（Al-Razi）完善了蒸馏技术。
公元865年一925年
法国
阿尔诺·德维拉诺瓦（Arnaud de Villeneuve）撰写了《葡萄酒集》（Liber deVinis）。
公元1240年一1311年
西班牙
雷蒙·卢尔（Ramon Llull）第一次使用了“酒精”（alcohol）这个词。
公元1310年
德国
希罗尼姆·布伦契威格（Hieronymus Brunschwygk）撰写了《蒸馏艺术简述》（Liber de arte distillandi de simplicibus）。
公元1450年一1512年
英格兰
约翰·法兰奇（John French）撰写了《蒸馏艺术》（The Art of Distillation）。
公元1651年
迄今为止发现的第一份记载酒和蒸馏的文献

工业时期

1700年 —————— 1800年 ——————

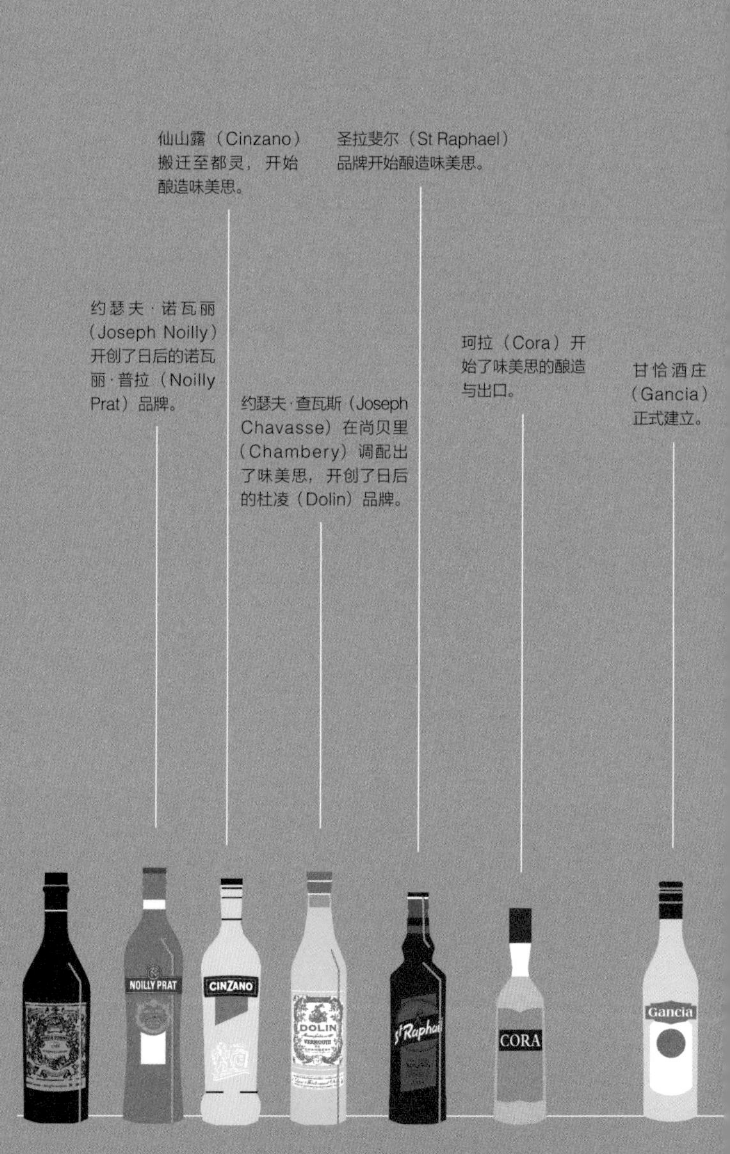

1700年

17世纪早期，北美洲开始人工栽培葡萄。

1763年

意大利资产阶级的兴起催生了都灵第一批咖啡馆，同时也带来了“开胃酒时间”（the “aperitivo hour”）的习俗。

1786年

都灵的安东尼奥·贝内德托·卡帕诺（Antonio Benedetto Carpano）调配出了第一款现代味美思。

1750年—1800年

17世纪中叶，南非开始人工种植葡萄。17世纪晚期，澳大利亚也开始了葡萄的人工栽培。

1950年

佩鲁齐（Perucchi）品牌成立于巴塞罗那。

伊扎吉尔（Yzaguirre）开始在塔拉戈纳（Tarragona）地区酿造味美思。

马天尼罗拉西雅公司（Martini, Sola & Cia）成立，日后发展成了大名鼎鼎的马天尼与罗西（Martini & Rossiis）。

位于阿斯蒂（Asti）的柯奇（Cocchi）酒庄开始酿造味美思。

利莱酒（Lillet）问世。

潘托蜜（Punt e Mes）品牌正式成立。

沙普酒庄（Seppelt）在巴黎世博会（the Exposition Universelle in Paris）上展示了一款澳大利亚味美思。

1884年

一本鸡尾酒书籍首次介绍了味美思，自此，味美思出口的黄金时代开始了。

1909年

布法罗山（Mount Buffalo）品牌开始在澳大利亚维多利亚州（Victoria, Australia）酿造味美思。

1907年

葡萄酒产量大增，因不满当时政府的政策，法国朗格多克地区（Languedoc）发生了大规模葡萄农暴乱。

1907年

由意大利人阿诺尔德·斯特鲁基（Arnaldo Strucchi）撰写的《都灵味美思概览》（*Il Vermouth di Torino*）一书正式出版。

1920—1933年

美国颁行禁酒令。

20世纪50年代

纯饮味美思市场开始萎缩。

现代

1970年 —— 2000年 ——

诺瓦丽·普拉被马爹利（Martell）收购。

马天尼与罗西（Martini & Rossi）收购诺瓦丽·普拉。

在美国，佐餐葡萄酒（table wine）销量超过了加强型葡萄酒（fortified wine）的销量。

马天尼（Martini）与百加得（Bacardi）合并。

美国品牌维雅（Vya）开始酿造味美思。

布兰卡（Branca）收购卡帕诺（Carpano）。

莫罗·维佳诺（Mauro Vergano）创立了自己的味美思品牌。

金巴利（Campari）收购阿佩罗（Aperol）。

NOILLY PRAT

MARTINI

MARTINI

Vya

BRANCA MENTA

APEROL

2010年

美国品牌英布（Imbue）和赎金（Ransom）酒厂开始酿造味美思。

贾里德·布朗（Jarred Brown）和安妮丝塔·米勒（Anistatia Miller）的合著《米克兰尼味美思指南》（*Mixellany Guide to Vermouth*）出版。

迈登尼和瑞高酒庄（Regal Rogue）品牌开始酿造味美思。

昂科斯（Uncouth）与艾茨比（Atsby）开始酿造味美思。

伯沙撒（Belsazar）和康斯（Causes & Cures）开始酿造味美思。

法国园林（La Quintinye）和高尔夫（Golfo）开始酿造味美思。

马甘酒庄（Margan）和格奈酒庄（Castagna）开始酿造味美思。

开普里提（Caperitif）黄标（yellows）系列恢复生产。

弗朗斯瓦·莫迪（Francois Monti）所著《味美思大全》（*El Gran Libro del Vermut*）出版。

亚当·福特（Adam Ford）所著《味美思的复兴：缔造美国鸡尾酒文化的酒》（*Vermouth: The Revival of the Spirit that Created America's Cocktail Culture*）出版。

皇家墨尔本秀（The Royal Melbourne Show）重新把味美思列为单独一类参展品。

阿德莱德山区（Adelaide Hills）的酒厂开始酿造味美思。

雷文沃斯酒庄（Ravensworth wines）开始酿造味美思。

黄味美思（Yellow vermouth）诞生。

世界各地的味美思

开胃酒时间——晚餐前那一段慵懒而可爱的小时光。

你信步走向城市广场的角落——那儿有一家你最爱去的小酒吧——想喝一杯冰镇味美思解解渴。也许今晚的你想换换口味，让酒保加些比特酒来刺激一下食欲。走进酒吧后，你却发现自己并不是唯一一个想小酌几口的人。酒吧里挤满了酒客，人手一杯味美思。这几乎是意大利每家酒吧的日常。而在都灵（Turin），这样的场景已经上演了两百多年。

1786年，在都灵城堡广场王宫对面的一家小酒铺里，安东尼奥·贝内德托·卡帕诺调配出了第一款现代味美思。这种味美思由葡萄酒、糖和酒精混合而成，还加入了草药和香料。

卡帕诺把自己调出的酒命名为“wermut”或“vermuth”，在德语中是“艾草”的意思。卡帕诺的味美思在都灵新兴资产阶级群体中备受青睐。一开始，他们完全是冲着这种“补酒”的滋补作用来的，后来又因为这种饮品时尚流行的社交属性开始长期消费。卡帕诺的小酒馆很快就人满为患，挤满了想来尝鲜的酒客。为了满足他们的需求，小店被迫开始24小时营业。这家酒吧成了日后意大利开胃酒酒吧（aperitivo bar）的原型，引得其他酒商纷纷效仿，其中不乏许多现在的国际知名品牌，比如仙山露和马天尼。都灵从此成为味美思之都，而这些从都灵走出来的酒厂，纵使产地已经转移到了意大利其他地区，却仍然是当今国际市场上数一数二的大品牌。

受到都灵制酒业的启发，第一款法国“味美思”也在19世纪20年代于法国里昂问世。调配出这款酒的是具有探索精神的酿酒商约瑟夫·诺瓦丽和位于萨瓦省都灵边境对面、法国尚贝里的约瑟夫·查瓦斯。他们创造的品牌——诺瓦丽·普拉和杜凌仍然是市场上第一梯队的品牌。

传统的意大利味美思偏甜，酒体色泽更厚重，与之相比，法国味美思偏干，色泽偏白，更能突出植物草药原本的风味。和意大利类似，味美思在法国也是一种餐前开胃酒。此外，味美思也融入了法式烹饪文化，常用来溶解粘在锅具上的肉渣（deglaze pans）和调配酱料。此外，在烹饪海鲜时加入适量味美思调味，菜肴就能吸收味美思那馥郁而独特的茴香气味，让人食指大动。

第三大传统味美思的生产国是西班牙，西班牙语称味美思为“vermut”。西班牙的味美思产地主要集中在加泰罗尼亚（Catalonia）周边，这里的味美思生产始于19世纪晚期。到20世纪初，加泰罗尼亚地区的味美思文化发展到了巅峰。1902年，都灵咖啡馆（Café Torino）在巴塞罗那动工。这是一座瑰丽的新艺术风格建筑，由当时巴塞罗那的一些著名建筑师联合设计，其中就包括大名鼎鼎的安东尼·高迪（Antoni Gaudi）。

与意大利和法国的味美思相比，西班牙的味美思一般色泽更厚重，口感也更加馥郁饱满。在近些年里，西班牙味美思呈现复兴之势，在一般的西班牙塔帕斯吧里很常见。一般这里出售的味美思都会加冰，再配上橙子、橄榄和少量苏打水。

19世纪中叶，随着早期意大利和法国的味美思生产商逐渐发展壮大，他们开始将产品装船出口。19世纪50年代，味美思出口到了悉尼，19世纪60年代又出口到了纽约。美国人非常喜欢味美思，调酒师也充分发挥了这种酒的潜力，把它加到了鸡尾酒里。此时，味美思作为一种混合饮品的鸡尾酒才刚刚兴起。

也正是美国酒吧奠定了味美思在全世界的饮酒文化里独一无二的地位。现今被奉为经典的鸡尾酒马天尼（法国干型）和曼哈顿（Manhattan，意大利甜型）都是美国酒吧在19世纪60年代里的首创，而味美思就是这两种鸡尾酒必不可少的重要组分。味美思一直备受欢迎，它成功熬过了禁酒令和经济大萧条时期，并助力鸡尾酒文化一路蓬勃发展，直到第二次世界大战爆发。

战后的年轻一代把味美思打上了父母辈饮品的标签。在他们看来，鸡尾酒早就过时了，美国的味美思销量也因此开始下降。尽管欧洲的味美思市场总体保持了稳定，20世纪70年代，澳大利亚还一度兴起了味美思热，但到了20世纪末，味美思似乎还是成了明日黄花，只有少数几个大品牌生存了下来。

考虑到味美思在美国早已风光不再，少数几家美国手工精酿酒生产商却毅然扛起了复兴高品质味美思的大旗，这一点确实出人意料。21世纪初的几年里，包括维雅、英布和艾茨比在内的几家美国品牌成功恢复了味美思的地位。他们的努力证明了味美思不只是一种鸡尾酒辅料，更是一种可以单独饮用的美酒。

在过去的几年中，来自南非、英国、澳大利亚和欧洲的手工精酿酒商也纷纷加入这场味美思的复兴大业，以经典的意式和法式味美思为蓝本，加入独特的地区特色，提高了层次感，从而推出了一系列的高品质味美思。

大型的味美思品牌基本上都归于大型跨国饮料集团公司旗下：诺瓦丽·普拉、马天尼与罗西两家是庞大的百加得帝国的一部分；仙山露归属于金巴利集团（Gruppo Campari）。通过品牌自我迭代、不断推出新品，同时大幅增加营销和促销支出，这些大品牌也紧紧把握着这次机会。到2021年，全球味美思的市场规模预计将增长到190亿美元。

味美思的复兴有好几个原因。在全球范围内，鸡尾酒再次成为潮流饮品；与此同时，精酿蒸馏酒行业（尤其是精酿金酒）的发展也呈现井喷之势，喝开胃酒再次成了许多人的生活习惯。只要一个地方有人消费鸡尾酒、金酒和开胃酒，你就能在这里发现味美思的身影。

现在的酒客和酒商也都越来越愿意去接受新鲜事物。他们乐于探索前人所不愿涉足的领域，乐于尝试新奇的酒，探索新的口感与香味的结合。味美思就完美契合了这种探索精神。酒客可以灵活尝试各种葡萄酒、蒸馏酒、甜味剂和植物草药的不同配比与组合。

马克·艾伦（MAX ALLEN）

味美思
在澳大利亚

味美思在澳大利亚有着相当悠久绵长的历史。

在19世纪前半叶，澳大利亚本土的葡萄酒与蒸馏酒行业还没有兴起，就像许多其他饮品一样，此时澳大利亚的味美思还全部依赖殖民地商人从欧洲进口。

1855年，《悉尼先驱晨报》(*The Sydney Morning Herald*) 指出，法国诺瓦丽·普拉牌味美思是市场上最畅销的，但因为长期供不应求，许多消费者只能购买品质更差的其他品牌。显然，优质的法国味美思对于讲究品质的酒客而言是上佳之选。

时间到了19世纪下半叶，澳大利亚本土的酿酒商开始生产味美思，在满足本地市场消费需求的同时，也开始展望出口。1878年，巴罗萨谷（Barossa Valley）的沙普酒庄在巴黎世博会上展示了来自南澳大利亚的味美思。当时生产的早期味美思，还有其他许多种餐后酒（包括啤酒花比特酒和奎宁水香槟），一般都以保健滋补效果为卖点。沙普酒庄现任家族葡萄酒档案保管人比尔·沙普（Bill Seppelt）藏有他曾祖父手写的配方笔记，其中详细列出了从意大利都灵的多米尼克·乌尔里希（Domenico Ulrich）和伦敦的布什公司（WJ Bush & Co.）进口的味美思和香料，这份笔记中还详细记载了其他一些调味香料品种，包括芫荽油、肉豆蔻、小豆蔻和百里香。沙普酒庄当时以加强甜型葡萄酒（sweet fortified wine）为基酒调配味美思，而这些香料就是当时选用的调味料。

到了20世纪初，包括沙普酒庄、哈迪酒庄、奔富酒庄（Penfolds）和利达民酒庄（Lindeman's）在内，全澳大利亚最大、最知名的一批葡萄酒品牌都开始生产味美思了。一些如今已经不复存在的地区品牌，比如来自维多利亚州高宝谷（Goulburn Valley）的达文西酒庄（Darveniza's Excelsior Vineyard）也加入味美思的生产行列中。达文西酒庄还特意聘用了一名来自波尔多的酿酒师来指导味美思和金鸡纳酒的酿造。

同时期，另一家维多利亚州的品牌也成功推出了自己的味美思。这就是来自北墨尔本的法布里与加迪尼（Fabbri & Gardini）公司。公司创始人朱塞佩·法布里（Giuseppe Fabbri）在19世纪70年代来到澳大利亚。

此前，他曾在加里波第麾下作战。法布里和他的商业伙伴布鲁托·加迪尼（Bruto Gardini）一起，创造出了许多葡萄酒和其他饮品，并于1909年创立了味美思品牌布法罗山，其以维多利亚州东北方的地标布法罗山命名，这座山附近生活着许多意大利裔移民。这在澳大利亚味美思品牌中是非常罕见的，因为大部分澳大利亚的味美思酒商会直接把法国和意大利的品牌照抄过来，完全不顾什么礼义廉耻。如今，在卡尔登的意大利历史学会（the Italian Historical Society）里，就收藏了一瓶保存完整的布法罗牌味美思。

20世纪20年代，随着鸡尾酒热兴起，味美思行业也得到了迅速发展。与美国的情况类似，对于澳大利亚的调酒师而言，味美思已经成为调酒过程中不可或缺的一种基酒，可以用来调配各种时兴的混合饮品，比如马天尼。澳大利亚本地人喜欢称之为金酒或者法式酒，因为相较于意式甜型味美思，当地人更中意于法式干型味美思。针对这种趋势，1927年，巴罗萨谷的御兰堡酒庄（Yalumba）推出了一款含有味美思与金酒的预调鸡尾酒，并颇有创意（或者也可以说带点小聪明）地将之命名为“味美金酒”（Ver-Gin）。到了20世纪30年代，味美思的热浪不减反增，主流的意大利品牌仙山露甚至在悉尼设立了一个酿酒厂，以满足澳大利亚市场的需求。

不出意料，在经济大萧条和第二次世界大战期间，味美思的销量下降了。到了20世纪50年代，不少澳大利亚酒客的口味都发生了改变，许多大品牌虽然在产量上有所减少，但依然坚持生产味美思。20世纪60年代末，也有人尝试去逆转局面、重新唤起大家对味美思的兴趣。比如，颇具影响力的《澳大利亚女性周刊》（*Australian Women's Weekly*）就推荐在晚宴时候供应以味美思为基酒调配的鸡尾酒，还列出了不少诱人的味美思食单，包括味美思烩橄榄小牛肉、西梅猪排配味美思，还有味美思酱汁腰子。

到了20世纪70年代，也不知为什么，人们又一次喜欢上了味美思，味美思生产商也开始定期地参加澳大利亚的葡萄酒展会。1974年，著名的葡萄酒评论家詹姆斯·哈利德（James Halliday）第一次在悉尼参加葡萄酒展会，他还清楚地记得当时的情景，虽然此前从未品鉴过味美思，哈利德却依然获得了参与评价的资格。哈迪酒庄（Hardys）的酿酒师理查德·沃兰德（Richard Warland）作为评委参加过同时期的另一场展会。他发现，得到较高评分的味美思都有一种特殊的柠檬风味。于是等回去之后，沃兰德就在哈迪酒庄的味美思配方中加上了一些柠檬精华，这帮助哈迪味美思在第二年斩获了展会金奖。约翰·安格瓦（John Angove）是安格瓦家族在南澳河地产区（Riverland region）酿酒厂的常务董事，他记得在20世纪70年代，安格瓦酒庄的马可牌（Marko）味美思比该酒庄的其他任何酒都要畅销。

澳大利亚市场的飞速发展让不少欧洲品牌刮目相看，意大利品牌马天尼与罗西就专门聘请了御兰堡酒庄的技术人员，并于20世纪70年代早期拿到了生产许可，并开始在巴罗萨谷生产味美思。御兰堡酒庄的生产经理彼得·沃（Peter Wall）依然记得那些去意大利品牌参观的欢乐时光，参观的季节一般都是滑雪季，正适合旅游观光，饱览欧陆风采。

当然，要论及20世纪70年代最成功的品牌，那就非仙山露莫属了。仙山露的成功很大程度上要归功于澳大利亚传奇网球运动员约翰·纽康姆（John Newcombe）参与的一系列推广活动。在一张平面广告里，这位网球大腕甚至摇身一变，开始推销起所谓“自创”的纽克（Newk）鸡尾酒。为了推广仙山露，纽康姆还想出了一个绝妙的点子：他亲自设计了一款以自己名字命名的鸡尾酒高球杯（highball glass）。你就不想试试纽康姆的“冠军之选”鸡尾酒吗？做法其实很简单：在高球杯中放入大量冰块，倒入一份红仙山露（Cinzano Rosso）、一份比安科仙山露（Cinzano Bianco）、两份特干型仙山露（Cinzano Extra Dry），加入干姜汽水轻轻搅拌，最后饰以柠檬就可以饮用了。任何在那个年代长大的人，只要看过电视，都会记得仙山露那脍炙人口的经典广告词：“仙山露！仙山露！”

20世纪80年代至90年代，随着年轻一代消费者的口味发生变化，味美思的销量开始滑落。比起味美思，年轻人更喜欢其他一些饮品：不含味美思的鸡尾酒（典型的有大都会鸡尾酒）、新兴的凉爽气候产区葡萄酒，还有精酿啤酒。

老牌澳大利亚味美思开始一个接一个从货架上消失。安格瓦酒庄的马可牌一直坚持到2000年，而到了21世纪第一个十年，市面上出售的本地味美思几乎只剩下德保利酒庄（De Bortoli）一家了，并以2升（合68液量盎司）的大包装廉价出售。

2012年，高端澳大利亚味美思好像是凭空冒出来一般重新出现在了市场上。对于整整完全不了解澳大利亚本土味美思发展史的一代酒客而言，味美思完全是一种新鲜事物。但熟悉澳大利亚味美思那悠久绵长历史的人知道，这些新品不过是老树上长出的新芽。

马克·艾伦

Années **1950**
1950's

葡萄品种

许多不同种类的葡萄都可以用来酿造味美思的基酒。

当批量大规模生产味美思的时候，生产商一般会从产量高的产区采购葡萄，手工味美思则会倾向于选择本地的葡萄品种。传统味美思一般是用白葡萄酿造的，但现在选择红葡萄的也越来越多。

在工业时期，麝香葡萄（Muscat）是很受欢迎的一类葡萄，主要产区是意大利的皮埃蒙特（Piedmont）地区。麝香葡萄种类很多，香气最突出的是小粒白麝香，其他品种的如奥托奈麝香、黄莫斯卡托、亚历山大麝香也都很适于酿造味美思的基酒。因为种植范围广，所以在很多知名甜酒的酿造中都能看到麝香葡萄的身影，包括南非康斯坦白葡萄酒（Vin de Constance），澳大利亚维多利亚州东北地区路斯格兰（Rutherglen）的麝香甜白葡萄酒，还有意大利潘泰莱利亚的泽比波起泡酒（Zibibbo di Pantelleria），都是选用麝香葡萄酿造而成的。

到了19世纪末20世纪初，随着各大生产商产量的扩大，本地的麝香葡萄和其他品种的葡萄逐渐开始供不应求了。以马天尼为例，为了满足大量生产的需求，该品牌转而使用特雷比奥罗（Trebbiano）与卡塔拉托（Catarratto）葡萄。这两种葡萄在艾米利亚-罗马涅（Emilia-Romagna）、普利亚（Puglia）和西西里（Sicily）等地区都有种植，它们产量很高，有助于大批量酿造并控制成品酒的价格。马天尼还选择了朗格地区（Langhe）种植的内比奥罗葡萄和阿斯蒂地区的莫斯卡托葡萄来酿造近期的珍藏葡萄酒（Riserva）。

阿斯蒂地区是莫斯卡托葡萄的主要产地之一，该地区以其生产的优质葡萄酒闻名于世。莫斯卡托葡萄是卡帕诺家族最早使用的葡萄品种，直到今天，该品牌仍然有一部分莫斯卡托来自阿斯蒂产区，当然还有更多的来自西西里地区，因此酿造葡萄酒对于莫斯卡托葡萄的需求量非常之大。扎根于阿斯蒂的柯奇酒庄，也依然在使用莫斯卡托葡萄酿酒。

在阿尔卑斯山的另一边，杜凌选用的是本地产雅克芸尔（Jacquère）葡萄，酿出的葡萄酒口感更加脆爽（crisp）。现在比较常见的是使用雅克芸尔和白玉霓（Ugni Blanc）葡萄混酿。白玉霓国际上称为特雷比奥罗葡萄，作为一种香气均衡又高产的葡萄品种，在法国西南部，它多用来酿造干邑。白玉霓也是意大利种植数量第二多的白葡萄。这种葡萄有着不少别名，在葡萄牙语中叫特丽雅（Thalia），在加利福尼亚叫圣埃美隆（St-Emilion）或者变种特雷比奥罗。在法国南部地区，诺瓦丽·普拉一直坚持使用两种蒙彼利埃本地产的克莱雷（Clairette）和匹格普勒（Picpoul）白葡萄。这两种葡萄往往被认为是二级品，而并非最早的高贵葡萄品种。蒙特利马尔（Montélimar）附近的多姆（Drôme）地区使用克莱雷葡萄酿造传统白起泡酒，并因此享有盛名。另一款颇受人喜爱的原产地命名控制（Appellation d'Origine Contrôlée ，缩写为AOC）葡萄酒皮纳特匹格普勒则使用匹革普勒葡萄来酿造基酒。

波尔多地区的开胃酒品牌利莱主要使用长相思（Sauvignon）和赛美蓉（Semillon）两种葡萄。对于酒友来说，这两种葡萄都不陌生，苏玳（Sauternes）产区最好的葡萄酒和大多数波尔多干白葡萄酒就是这两种葡萄酿造的。长相思近些日子尤其火爆，无论是桑塞尔产区还是远在新西兰的马尔堡产区，当然不同产区的处理方法是完全不一样的。悉尼附近猎人谷（Hunter Valley）出产的赛美蓉也很受欢迎。

在西班牙，味美思通常是由白葡萄品种马家婆（Macabeu）酿制而成的。在里奥哈（Rioja）酒区，这种葡萄也被称为维奥娜（Viura）葡萄。迄今为止，马家婆依然是里奥哈主要的白葡萄品种，在西班牙北部地区和位于比利牛斯山脉另一侧的法国都颇受欢迎。很少有味美思选用加利西亚地区（Galicia）比较高端的阿尔巴利诺（Albarino）葡萄，但也有例外，比如圣彼得罗尼（St. Petroni）品牌就选用了这种葡萄。一些生产商选用当地的帕洛米诺葡萄（Palomino）或佩德罗·希梅内斯葡萄酿成雪莉酒，之后再加工成味美思。安达卢西亚味美思（Andalusian vermut）一般选用欧罗索（Oloroso）雪莉酒作为基酒，比较有代表性的有卢世涛酒庄（Lustau）和萨雷斯·比亚斯酒庄（Gonzalez Byass）。红葡萄在西班牙也越来越受欢迎，不少味美思都选择了丹魄（Tempranillo）和歌海娜（Grenache）这两种红葡萄。里奥哈产区的丹魄品质最为上乘，在葡萄牙部分地区也有种植，叫作添普兰尼洛（Tinta Roriz）。歌海娜的种植范围就广得多，几乎西班牙各地都有种植，法国南部种植的歌海娜叫格纳希，意大利撒丁岛（Sardinia）上也有种植，换了个名字，叫卡诺娜（Cannonau）。很多酒庄都选择了丹魄葡萄，酿造出的产品从基础酒款到高端产品一应俱全，如杜埃罗河岸（Ribera del Duero）产区的维格西西莉亚酒庄（Vega Sicilia），教皇新堡（Chateauneuf du Pape）产区的稀雅丝酒庄（Chateau Rayas）这样的精品酒庄都有丹魄葡萄酿造的酒款。

历史短一些的生产商对于葡萄品种的选择会更乐于探索尝鲜。德国味美思品牌伯沙撒就集中体现了欧洲新生代味美思品牌这种热爱探索的态度。

“味美思”（vermouth）一词来源于德语“艾草”（wermut），而艾草酒（Wermutwein）早在中世纪时期就是一种常见饮品了。伯沙撒选用了数种本地葡萄品种，包括斯贝博贡德（Spatburgunder，也称黑皮诺）、琼瑶浆（Gewurztraminer）和莎斯拉（Chasselas），具体根据需要酿造的味美思口味进行选择。目前，全世界都流行使用黑皮诺葡萄，而其中的佼佼者毫无疑问是勃艮第产区的红葡萄酒品牌，比如大名鼎鼎的慕西尼（Musigny）和罗曼尼康帝酒庄（Romanée-Conti）。琼瑶浆一词虽然是德语，但最主要的产区还是在法国的阿尔萨斯地区，此外在德国和意大利也有种植。塔明娜（Traminer）葡萄是琼瑶浆的变种，许多国家都有种植，包括澳大利亚、美国，甚至在日本和以色列也能看到这种葡萄的身影。莎斯拉是一种鲜食葡萄，因其在16—17世纪间备受法国国王青睐而闻名。它是瑞士种植最多的白葡萄品种，日内瓦湖（Lake Geneva）周边的葡萄酒基本都是用这种葡萄酿造的。这一片葡萄酒产区位于日内瓦湖与洛桑（Lausanne）、瓦莱州（the Valais）和纳沙泰尔州（the Neuchâtel region）之间。

在美国，以位于西海岸的维雅为代表的一些品牌使用传统的欧洲葡萄进行混合酿造，所用葡萄品种包括丹魄葡萄和麝香葡萄。位于俄勒冈州的赎金酒厂使用的葡萄品种有雷司令、霞多丽和黑皮诺。

新生代的味美思品牌都很热衷于使用雷司令葡萄，因为业界普遍认为雷司令是品质比较高的一种葡萄。最好的雷司令产自莱茵河流域，包括法国阿尔萨斯和德国摩泽尔河谷（Mosel Valley）。这种葡萄可以酿出极干型和极甜型葡萄酒，比如德国的冰酒（Eiswein）。

雷司令葡萄对于中欧地区而言十分重要，因为那里大面积种植雷司令。如今，雷司令的种植已经遍及世界各地。南澳大利亚所出产的雷司令葡萄也很有名，19世纪时，德国殖民者把雷司令带到了巴罗萨谷和克莱尔谷（Clare Valley）地区。爱德华山（Mount Edward）位于新西兰奥塔哥（Otago）地区，在那里，邓肯·福赛斯（Duncan Forsyth）继承了莱茵河的味美思酿造传统，坚持使用雷司令酿造味美思。

许多位于美国俄勒冈州的酒厂都喜欢用勃艮第产的黑皮诺与霞多丽葡萄。可以说，目前世界上最知名的酿酒葡萄就是霞多丽了。这种白葡萄最早来自勃艮第，后来逐渐适应了各种气候环境，在世界各地都有种植。当然，即便如此，夏布利（Chablis）、伯恩丘（Cote de Beaune）和蒙哈榭（Montrachet）产区酿造的优质葡萄酒还是让勃艮第的霞多丽继续保持其业界标杆的位置。美国东海岸的昂科斯选用长岛与五指湖出产的本地酒作为基酒。纽约第一家生产味美思的品牌艾茨比用的葡萄是长岛产的霞多丽。南非黑地（Swartland）产区的品牌开普里提，生产的味美思基于一种传统金鸡纳酒配方，使用白诗南（Chenin Blanc）与芳蒂娜麝香（Muscat de Frontignan）混合酿造。这两种葡萄在南非都已经有一段时间的种植历史了。白诗南在南非旧称“施特恩”（Steen），当地一些高品质葡萄酒就是用这种葡萄酿造的。

法国的卢瓦尔河谷（Loire Valley）是最早种植白诗南的产区，那里的酒厂用白诗南酿造出了各种葡萄酒，包括干白葡萄酒和贵腐甜酒（sweet Botrytis wines）。武弗雷（Vouvray）、邦尼舒（Bonnezeaux）和卡特休姆（Quarts de Chaume）都是卢瓦河谷的明星产区，这些产区都选择白诗南葡萄酿酒。白诗南在潮湿气候中非常容易患病，因此不易于种植。但以弥尔顿（Milton）为代表的新西兰品牌还是用这种葡萄酿出了不少品质优良的酒，越来越多的澳大利亚酒厂也开始选择白诗南。

在各国味美思中，选用葡萄品种花样最多的当属澳大利亚。迈登尼选用的是维欧尼（Viognier）、西拉和赤霞珠；康斯用的是桑娇维塞（Sangiovese）和维欧尼；阿德莱德山区用的是白诗南和歌海娜；格奈酒庄用的是瑚珊（Roussanne）和维欧尼；瑞高酒庄选的是猎人谷赛美蓉（Hunter Semillon）、巴罗萨谷赛美蓉（Barossa Semillon）和西拉（Shiraz）；雷文沃斯酒庄用的是歌海娜和灰皮诺（Pinot Gris）。

维欧尼是一种产自法国北罗纳河谷的芳香型白葡萄，20世纪70年代曾一度濒临消失。作为罗纳河谷有名的酒庄之一，格里叶酒庄（Chateau Grillet）在21世纪开始逐渐成为热门酒庄，这也见证了维欧尼这种葡萄在法国南部地区的复兴。

西拉是另外一种来自罗纳河谷的红葡萄，又名西拉斯、塞林（Serine），旧称“埃米塔日”（Hermitage）。埃米塔日山区酿造的葡萄酒让这种葡萄一度风评不佳，近年来随着澳大利亚等国酒厂的努力，用西拉葡萄酿酒的尝试大获成功，酿造出包括翰斯科酒庄（Henschke）神恩山（Hill of Grace）酒款在内的不少高品质葡萄酒。因其显色比较深的缘故，西拉葡萄在味美思的酿造中用得不多，但却非常适合用来酿造桃红葡萄酒（rose wine）。

因为单宁厚重，赤霞珠似乎是最不适合酿造味美思的红葡萄品种。波尔多的梅多克（Medoc）产区对于赤霞

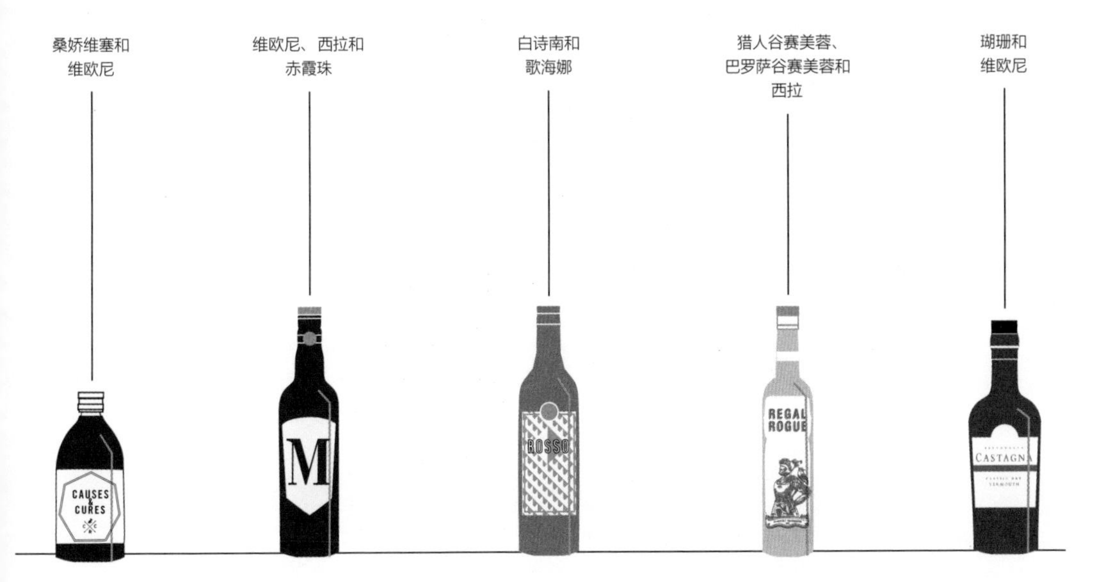

珠的运用出神入化、堪称典范，而美国的加利福尼亚州用赤霞珠也酿出了不少品质出众的葡萄酒。世界各地的酒厂都很喜欢这种葡萄，从19世纪起，智利就一直在种植赤霞珠。近年来，赤霞珠的种植范围得到了进一步扩大，在意大利的保格利（Bolgheri）、澳大利亚、新西兰北岛乃至中国都有种植。桑娇维塞是另一种似乎不太适于酿造味美思的葡萄，因为这种葡萄的单宁较重，开胃型的特征比较明显。作为托斯卡纳出产的葡萄，桑娇维塞在意大利许多地区都有种植。

瑚珊是罗纳河谷出产的白葡萄品种，在澳大利亚有少量生产。相关文献显示，早在19世纪晚期，位于澳大利亚雅拉谷（Yarra Valley）的伦堡酒庄（Yeringberg）就有种植过这种葡萄。和玛珊葡萄（Marsanne）一样，瑚珊也因为酿造埃米塔日白葡萄酒而闻名。

灰皮诺是黑皮诺大家族中的一员，以阿尔萨斯产的灰皮诺最为出名。阿尔萨斯灰皮诺糖分较少，颜色偏白，常用来酿制晚收葡萄酒。最近，意大利产灰皮诺也因其酿制的白葡萄酒风味更新鲜而出名。

以上这份详细的清单充分展现出味美思酿造过程中的无限可能。在酿造过程中，酒厂所选用的葡萄品种以本地产葡萄为主，同时也要符合酒款的风味。有一点需要注意：传统味美思的生产方法与工业化的生产方法是截然不同的，工业化生产最重视的是充足的供应量、合理的价格和成本控制，因此，所选的葡萄大都是高产地区的高产品种；而大部分新生代味美思酒商则会遍寻高品质葡萄酒产区并精心遴选优质葡萄。

和葡萄相关的另一组概念是原产地命名控制（Appellation d'Origine Controlee，缩写为AOC）和地理标志标签（Geographical Indication，缩写为GI）。到目前为止，都灵味美思（Vermouth di Torino）是唯一有地理标志标签的味美思品牌，该标签的唯一要求是必须使用意大利葡萄酒作为基酒。

法律法规

关于味美思有不少法律法规，尤以欧洲为甚。

根据国际葡萄与葡萄酒组织（the International Organisation of Vine and Wine，缩写为OIV）的定义，葡萄酒是“只能以破碎或未破碎的新鲜葡萄果实或葡萄汁经完全或部分酒精发酵后获得的饮料。其实际酒精度数不得低于容量的8.5%。但是，根据气候、土壤条件、葡萄品种和一些葡萄酒产区特殊的质量因素或传统，在一些特定的地区，葡萄酒的最低酒精度可降低到容量的7%”。

味美思本质上也是一种葡萄酒，或者更准确地说，是一种“加强型葡萄酒”。加强型葡萄酒是在酿造过程中的特定阶段，根据风味和所需效果，通过加入蒸馏酒制成的。常见的如波特酒、雪莉酒、马德拉酒、阿佩罗酒、托佩克酒，更加小众一些的如天然型甜葡萄酒（Vin Doux Naturel，缩写为VDN），主要包括里韦萨特（Rivesaltes）、莫里（Maury）和巴纽尔斯（Banyuls）三个产区，还有利口酒，主要包括夏朗德皮诺甜酒（Pineau des Charentes）和福乐克酒（Floc de Gascogne）。但是，味美思还需要进行加香处理，即添加从植物各部位（包括叶、果实、花朵和根茎）中提取的植物性成分。经加香处理后，最终制成的酒里既有苦味，也有甜味。

加香型葡萄酒

根据国际葡萄与葡萄酒组织OIV的规定，加香型葡萄酒需满足以下几点：

1. 用至少75%的葡萄酒或特种葡萄酒（以容积计）为酒基，经增香处理制得的葡萄酒，所使用的葡萄酒或特种葡萄酒应符合《国际葡萄酿酒工艺法规》(*International Code of Oenological Practices*）的相关规定；
2. 可以添加葡萄发酵酒精、葡萄酒蒸馏物、农业原料酒精；
3. 可以进行一次加糖；
4. 可以进行一次着色；
5. 可以使用适用于此类葡萄酒的一项或多项酿造工艺；
6. 其酒度至少为14.5%（以容积计），最多为22%（以容积计）。

欧盟对味美思的规定

根据欧盟相关法规，味美思酒属于加香葡萄酒的一个子分支。欧盟第251/2014号法规规定，成品味美思必须符合以下要求：

1. 其酒度至少为14.5%（以容积计），最多为22%（以容积计）。
2. 至少含有75%的葡萄酒；
3. 含有蒸馏酒；

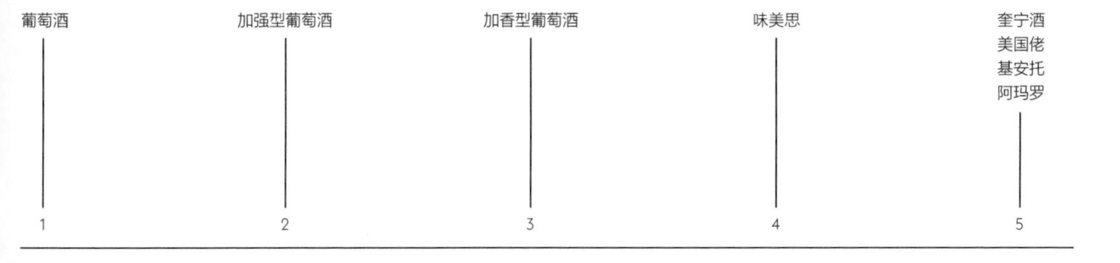

4.应当含有蒿属植物，以获得标志性的风味；

5.允许加水、着色、加糖、增香，但不做强制要求。

美国对味美思的规定

美国对于味美思的法律规定与世界上其他国家和地区略有不同。根据美国联邦酒精与烟草税收贸易局（TTB）第4号规定第21部分第7款（section 21, class 7, of Regulations No. 4）对“开胃酒”（Aperitif）的定义，“开胃酒是一种由混合了白兰地或酒精的葡萄酒作为酒基，添加草药和其他天然芳香调味剂进行调味的葡萄酒，最低酒度不得低于15%（以容积计）”。据此，对味美思的定义是“开胃酒的一种，由葡萄酒制成，一般具有因苦艾成分产生的口感、香气和其他特性”。美国法律限制味美思中使用蒿属植物（Artemisia），尤其是苦艾（wormwood），目的是让成品味美思中不含侧柏酮（thujone）——一种会引发幻觉的化合物。其实，苦艾不是唯一含有侧柏酮的植物，鼠尾草、艾蒿、杜松子和牛至等植物中都多多少少含有一些侧柏酮。由于这项规定的存在，不少美国味美思品牌都不使用蒿属植物，但凡事总有例外，比如之前提到过的品牌昂科斯，他们就用艾蒿代替了苦艾。

和味美思类似，但又不是味美思的酒

一些加香型葡萄酒与味美思相似，但因使用的葡萄酒种类和植物添加成分的不同，不能算作味美思。这些酒包括：

奎宁酒（QUINQUINA WINE）

具有天然奎宁风味。

美国佬（AMERICANO）

添加了苦艾和龙胆的天然提取物增加风味，使用合规的黄色或红色着色剂着色。

巴罗洛基安托（BAROLO CHINATO）

天然奎宁风味，以巴罗洛产区地理标志（Geographical Indication，缩写为GI）保护的葡萄酒为酒基。

苦酒（BITTER VINO）

天然龙胆风味，使用合规的黄色或红色着色剂着色。

阿玛罗（AMARO）

以味美思为酒基，注意和阿马里（Amari，苦味的意大利利口酒）区分，后者以蒸馏酒为酒基。

“味美思”一词最早来源于德语“vermouth”，除此以外，这种酒也有不少其他叫法。

以下的这些名称与味美思关系密切，经常出现于味美思的标签上，但没有明确的法律规定。

这些名称包括：

意大利红葡萄酒（Rosso）、智利红葡萄酒（Rojo）、法国红葡萄酒（Rouge）

甜型味美思，也被称为都灵风味。

意大利桃红葡萄酒（Rosato）、西班牙桃红葡萄酒（Rosado）和法国桃红葡萄酒（Rosé）

出现时间较短，是口味更清淡的味美思品种。

意大利白葡萄酒（BIANCO）、西班牙白葡萄酒（BLANCO）、法国白葡萄酒（BLANC）

不添加焦糖的甜型味美思。

陈酿（RISERVA）、特级珍藏（GRANRISERVA）、经典（CLASSIC，CLÁSSICO）、老藤（OLDVINE）、琥珀（AMBRATO AND AMBRE）

这些是其他一些酒标上常见的名称，用来指代各个品牌比较独特的一些风味。

不论产地，味美思始终始于葡萄酒，而葡萄酒始于葡萄（详见本书第26页）。在很多人眼中，葡萄酒只是一种寻常的饮品。这种观点有其合理性，毕竟盛在高脚杯里的葡萄酒当然是一种饮品，但在倒进酒杯之前，葡萄酒的酿造面临着许许多多的选择。首先是葡萄品种的选择。在旧石器时代，我们的祖先要爬到树上才能摘到野生葡萄。现如今，有了葡萄栽培和采收技术，我们可以使用机械设备进行快速采收。自问世以来，机械采收技术在过去的30年中不断发展完善。当然，在一些种植面积比较小，或是地形复杂的部分高端葡萄种植园，人工采摘依然还有用武之地。采摘完毕后，酒厂可以选择对采收好的葡萄进行压榨、破碎、除梗的预处理，也可以选择直接放入发酵罐中进行发酵。

和其他技术一样，发酵技术也在不断发展完善，但不少酒厂却选择了传统的酿造方式。尽管现代科技的优越性可以提供诸如不锈钢设备和医院级别的卫生环境，越来越多的品牌却选择回归传统，用木制与陶制器具和更传统的酿造方法，尽量减少了不必要的添加。不可否认，现代生物技术的发展让我们能够更加深入透彻地理解发酵的全过程，但优越的现代科技同样也带来了越来越多的添加剂。为了选出最合理、最有效的酿造方法，酒厂一开始就要充分考虑到底需要酿成什么样的酒，然后再做出理性的选择。

在酿造味美思的整个过程中，最关键的一步在于从植物中提取芳烃（aromatics）和苦味素（bitterness）。具体的提取方法包括葡萄酒提取、蒸馏酒提取，还有两者混合提取。此外，芳烃也可以通过蒸馏提取。提取方法不同，得到的提取物也不尽相同，植物的产地和季节也会对提取物产生影响。

世界各地味美思的名称

wermut

德国

vermouth

澳大利亚、英国和美国

vermout

法国尚贝里

vermú

西班牙

vermut

西班牙和意大利

wermoed

荷兰

生产过程

因为不同品牌的生产方法千差万别，无法一概而论，所以笔者以两个味美思品牌的具体生产流程为例，帮您了解味美思的一般生产过程。

杜凌

早在19世纪初，法国杜凌就开始酿造味美思了。1919年，塞维斯家族（the Sevez family）收购了杜凌，此后该品牌就一直由塞维斯家族经营。时至今日，杜凌的干型味美思还是按照1821年的原版配方酿造的。该品牌的早期味美思使用当地葡萄酒作为基酒，现在大部分基酒都采购自更远的产区。采购的基酒大都是散装酒，也就是尚未装瓶的成品酒，便于大量采购。杜凌认为，基酒不应该有什么突出的特点，越中性越好，这也是很多大品牌的共识了。

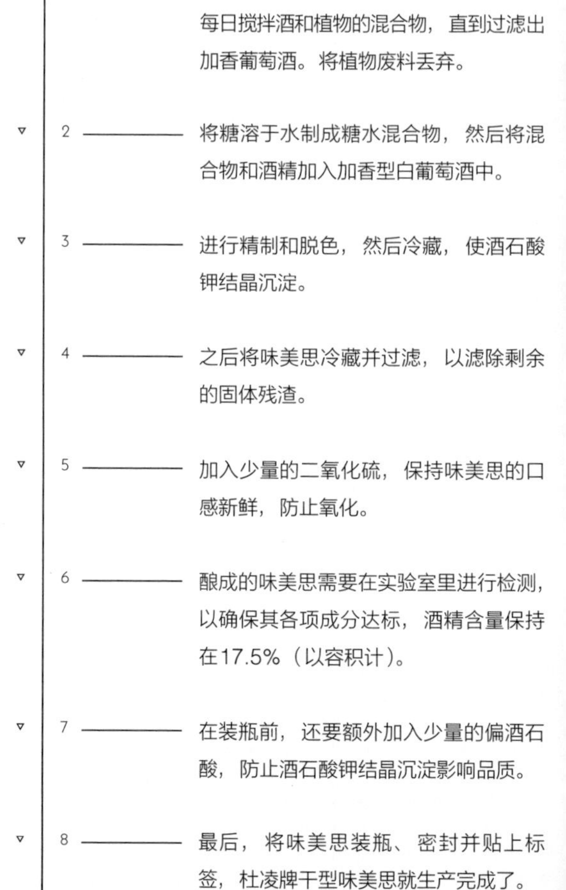

迈登尼

和杜凌相比，笔者所在的澳大利亚迈登尼使用的酿造方法更加现代化。味美思中至少含有75%的葡萄酒，因此，迈登尼十分重视葡萄酒在生产味美思过程中的重要性。该品牌选择从优质产区采购葡萄，同时严格控制基酒生产的全过程，因为酿造过程中最重要的就是化繁为简，尽量避免不必要的人为干预。此外，迈登尼还考虑到了葡萄品种的选择与味美思风味的关系。以经典迈登尼（Maidenii Classic）为例，这是一款酒体呈玫瑰色的半干型味美思，选用希思科特地理标签（Heathcote GI）保护的西拉葡萄酿造。这是一种品质优良的葡萄，酿成的红葡萄酒备受赞誉。

1 —— 为了避免提取过多的色素，迈登尼选择人工采摘葡萄。采收来的葡萄不碾碎，直接进行整串压榨，这样做也是为了限制色素的提取。缓慢的压榨过程可以在最佳状态下提取出粉红色的葡萄汁。在这个阶段，温度需要控制在15℃~20℃之间，使用天然酵母进行发酵。

2 —— 接下来是至关重要的一步：在发酵过程中进行酒精强化。为了精准控制成品味美思中的含糖量，需要在精确的时间点加入定量蒸馏酒。这一操作需要厂家对发酵过程进行长期研究与深入分析，在进行酒精强化的过程中也需要全程保持密切监控。

3 —— 蒸馏酒浸渍提取植物原料同样关键。每一种植物原料需要单独在蒸馏酒中浸泡1~2个月，之后再全部混合在一起，形成“母酊剂”（mother tincture）[①]，母酊剂的具体配比取决于味美思所需的口味与风格。浸渍提取过程中不需要额外加糖来增加甜味，也不需要添加焦糖来着色。味美思完成酒精强化、加入母酊剂后，就不需要额外添加了。之后，味美思需要静置几个月的时间，等待酒体澄清和完全成熟。

4 —— 在装瓶前，对味美思进行过滤，同时加入少量的二氧化硫防止氧化。

5 —— 将味美思装瓶、贴上标签，就可以上架销售了。

除了正常过滤后装瓶的版本，迈登尼还会在每一批次中预留一小部分未经过滤的味美思单独装瓶。因为使用以上方法酿造出的味美思品质纯净、含硫量极少，所以并不需要过滤。迈登尼的酿造方法更自然，更能体现味美思本来的味道，此外，这样酿造出的味美思每一瓶浓度都不完全相同，也给品鉴增添了不少趣味。

①母酊剂：一种用含有植物、矿物或动物成分的浓缩液与酒精配置而成的溶液，经过稀释和摇晃后应用于顺势疗法，这里指酿酒过程中配置的类似溶液。

蒸馏酒

考古发现表明，早期味美思中不含高度酒精，因为彼时的人们还没有掌握蒸馏酒的生产方法。

时至今日，包括杜凌在内，一些传统酒类品牌依然选择葡萄酒这样的低度酒来浸渍植物原料。9世纪，阿拉伯世界的炼金术士进一步发展了蒸馏技术。蒸馏技术主要应用于医药和香料的制备，这也促进了味美思的革新。通过加入蒸馏酒，增加了味美思中的酒精含量，使得糖分不再容易发酵，同时也缓解了氧化，让酒体更加稳定。

如同调配香水一样，酿造味美思的关键在于寻找合适的植物原料配方。生产味美思的精妙之处在于，首先要提取所需植物成分，再以合理的比例将这些成分和基酒混合。与低度酒相比，蒸馏酒酒精含量更高、提取能力也更强。例如，在葡萄酒发酵过程中加入蒸馏酒，就可以酿成蜜甜尔（来自法语“Mistelle”，意为保留自然甜味的部分发酵葡萄汁）。这种部分发酵的葡萄汁可以作为调和部分，加入味美思或其他酒类中。在添加植物原料之前，也可以先将蒸馏酒添加到成品酒中。大部分使用甜菜、甘蔗或块茎类作物酿酒的工业品牌采用浓度为96%的酒精或稀释至约50%的酒精进行植物原料的浸渍。还有一些品牌（例如诺瓦丽·普拉）选择将植物原料浸渍在葡萄酒和蒸馏酒的混合液中，使其在木酒桶中充分发酵。

根据欧盟相关法律规定（欧盟251/2014号法规），以下为可用于葡萄酒增香的酒精类添加剂：

1. 以农作物原料酿造的乙醇，详见欧盟[EC]110/2008号法规附件I，要点1，包括葡萄酿造乙醇；
2. 葡萄酒或干型葡萄酒；
3. 葡萄酒馏出物或葡萄干馏出物；
4. 农作物馏分，详见欧盟（EC）110/2008号法规附件I，第2点；
5. 葡萄酒，详见欧盟（EC）110/2008号法规附件I，第4点；
6. 葡萄渣酿酒，详见欧盟（EC）110/2008号法规附件I，第6点；
7. 从发酵葡萄干中蒸馏出的烈性酒。

农作物原料包括谷物、玉米、葡萄、甜菜、甘蔗、块茎类作物或其他可用于发酵的植物材料。

从植物原料中提取芳香气味的另一种方法是蒸馏，但这种方法很少使用。马天尼与罗西结合了以上提到的各种方法。作为大型酒类集团的子品牌，马天尼和罗西可以便利地获取价格低廉的金酒来浸渍原料，比较知名的蒸馏酒，例如威士忌、味美思、伏特加、干邑白兰地等都可以加入味美思中。

糖

味美思中的苦味往往不受欢迎，因此，能够平衡苦味的糖在味美思中十分重要。

甜味的来源虽多，但还是以果类为主。葡萄含有大量的糖，这些糖以葡萄糖和果糖形式存在，发酵后转化为酒精。如果加入蒸馏酒进行酒精强化，那么发酵就会停止，糖分从而保留。很少有味美思品牌使用这项技术，因为酒精强化需要精确控制酒精度数和含糖量，还需要严格控制发酵时长。迈登尼是少数使用这种方法的品牌之一。如果不使用酒精强化技术，也可以选择直接加糖，因为欧盟法规允许味美思额外加糖。加糖不难，关键在于选择糖的种类和准确把握加糖的时机及添加的剂量。

食品用甜味剂有很多种，但是欧盟当局（第251/2014号法规）规定，味美思中只能添加以下几种甜味剂：

1. 半白糖、白糖、精制白糖、葡萄糖、果糖、葡萄糖浆、糖溶液、转化糖溶液、转化糖浆，详见欧盟理事会指令2001/11/EC(1)；
2. 葡萄汁、浓缩葡萄汁和精制浓缩葡萄汁，详见欧盟第1308/2013号法规附件VII第II部分第10、13和14点；
3. 通过加热蔗糖产生的焦糖，生产过程不含碱类、无机酸或其他化学添加剂；
4. 蜂蜜，详见理事会指令2001/110 / EC（2）；
5. 角豆树糖浆；
6. 任何其他具有与以上甜味剂相似作用的天然碳水化合物。

当然，根据具体的生产方法，厂家可以选择在葡萄酒、水、蒸馏酒等产品中加糖。因为含有焦糖的缘故，大多数味美思都呈现出焦糖色，但焦糖的作用却不仅仅是着色，同时也有着增加味美思甜味、调节酒香的作用。糖的用量取决于酒的风格与口味。

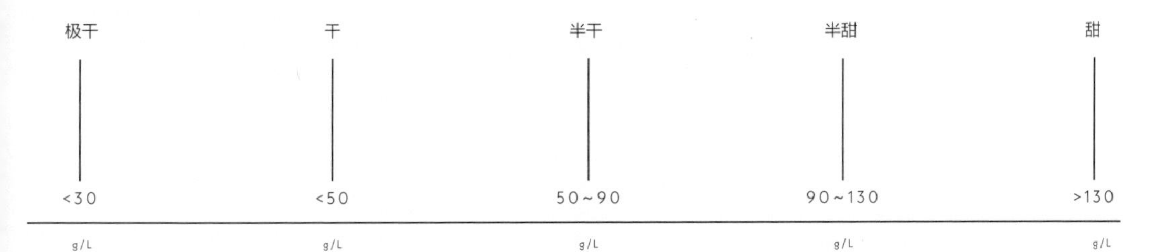

苦艾

苦艾是苦艾酒（absinthe）的重要组分，这也是笔者第一次接触这种植物。传说中，只要喝下苦艾酒，现实就会飘忽而去，取而代之的是“绿仙子”主宰的迷幻世界。

这些故事与传说让年轻的调酒师跃跃欲试，总想一探究竟。但事与愿违，苦艾酒在许多国家都一度被禁止生产与销售，其中包括法国和美国。

稍微去了解一下，你就会了解这种酒一度遭到禁售的原因，特别是让·兰弗瑞（Jean Lanfray）的悲剧：在喝了两杯苦艾酒后，他枪杀了自己的妻子和孩子。其实，除了两杯苦艾酒，兰弗瑞在悲剧发生前还喝了不少其他种类的酒：

早餐时喝了1杯甜薄荷酒和1杯白兰地。
午餐时喝了6杯葡萄酒。
茶歇时喝了1杯葡萄酒。
晚餐前喝了1杯咖啡（加白兰地）开胃，
晚餐时喝了1升葡萄酒，
晚餐后又喝1杯咖啡（加了酒渣）。
如此看来，也不能把账全算在苦艾酒上。

兰弗瑞的悲剧直接催生了一系列针对苦艾酒的禁令。这些禁令一直延续到差不多十年前才有所松动，而直到十年前，美国仍保留着对于苦艾酒的禁令。其实，苦艾酒不会让人产生幻觉，让人酒后举止失当的真正原因是它极高的酒精含量：苦艾酒的标准酒精度数一般都不会低于70%。这种极高的酒精含量可产生GABA抑制剂（一种人体神经抑制剂），从而延缓神经突触的反应速度，让大脑不由自主地亢奋。

艾蒿又名大艾草，是味美思和苦艾酒中的重要组分。欧盟法律规定，味美思中需要含有至少一种蒿属种植物。除此之外，都灵味美思对于使用的植物材料还有产地上的限制，该品牌所选用的苦艾或西北蒿（一种蒿属植物）都来自意大利的皮埃蒙特地区。美国法律对味美思成分的规定有所不同，并不强制要求它必须含有苦艾成分，所以一些美国品牌生产的味美思中就没有艾草成分。澳大利亚的相关法规就更少了，但绝大多数澳大利亚品牌的味美思中都含有艾草。笔者推测，随着行业的发展，澳大利亚也将效法欧盟，订立相关规范。

除了满足法律的强制性规定，厂家在酒中添加苦艾也有其他作用。其中一个就是调和口感，而这一点至关重要。新手调酒师首先要学的就是如何在鸡尾酒中平衡甜味、酸味和苦味，从而不让任何一种味道过于突出。

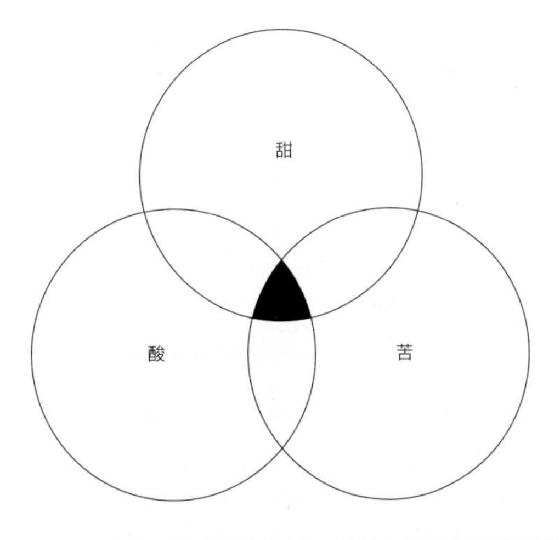

味美思的基酒是葡萄酒，所以自然就有了酸味和甜味，而为了确保口感均衡和谐，就需要添加第三种元素——苦艾。这种植物再合适不过了，与许多其他只有苦味的植物不同，苦艾有着特殊的芬芳。想象一下，八角、薄荷和鼠尾草结合，再加上新鲜的橙花香气，这一切的完美结合就是苦艾的香气。艾草不仅平衡了味美思中所有其他成分，还巩固了其他成分的表现。味美思中的艾草就像是一场聚会中助兴的音乐：少了它，聚会的气氛全无，大家索然无味，而有了它，一切就流动了起来。

遍寻苦艾而不得？
最好的方法就是带上一个认识这种植物的人一起去寻找。

蒿属植物一共有350余种，其中的一些品种有着相当长的药用历史：早在公元前1500年，青蒿就被用于治疗消化系统疾病；时至今日，人们仍然会在鸡舍附近种植艾蒿，因为艾蒿能有效防治鸡螨等疾病；2015年，因为其对青蒿素研究做出的突出贡献，中国科学家屠呦呦获得了诺贝尔生理学或医学奖，而青蒿素正是抗疟药的关键成分之一；而在北美原住民的传统医药学中，银叶艾可用于治疗咽喉肿痛，欧亚艾蒿可用于治疗月经痉挛，龙蒿可用于治疗黄疸。蒿属植物的用途不胜枚举，笔者个人最青睐的还是龙蒿，在烹饪中它是一种很好的调味料，能让人食欲大增。

法式伯那西酱汁（BÉARNAISE SAUCE）

龙蒿是法式伯那西酱汁的主要成分，笔者很喜欢把这种酱淋在烤猪排上。以下就是伯那西酱汁的具体配方和详细做法：

两人份

100毫升（3½ 液量盎司）特干型味美思（笔者选用的是迈登尼干型味美思）
30毫升（1液量盎司）苹果醋
5克（⅛ 盎司）胡椒粒，切碎备用
2个蛋黄
100克（3½ 盎司）咸黄油，切成小块备用
一小撮碎龙蒿叶

将味美思、苹果醋和胡椒碎放入小锅中，用中高火煮沸。之后调到中火煮5分钟，用细筛子过滤后，放在一旁等待完全冷却。

将蛋黄加入味美思混合物中进行搅拌。待搅拌均匀后放入双层蒸锅中，用中小火煮沸。分次加入黄油，每次10克（1/4盎司），加入黄油后不断搅拌，直到与之完全混合。加入碎龙蒿叶，再搅拌1分钟。出锅后即刻将其均匀浇淋在烤好的猪排上即可。

一个植物学家眼中的苦艾

一般人都把青蒿叫作“灌木雏菊”。青蒿叶呈灰绿色，碾碎后会散发出独特的香气。当然，不是所有人都喜欢这种香气，但青蒿包含的丰富的药理学知识，让肖恩和吉尔（本书的两位作者）都非常着迷。在蒸馏酒的各种苦味添加剂中，苦艾是最受欢迎的。这种蒿属植物在非洲北部、欧洲及欧洲周边地区的贫瘠土壤中自然生长，但在世界其他地区已经成为一种杂草。其余350多种蒿属植物主要生长在北半球国家，在南非和南美也有少量蒿属植物。最近，甚至在澳大利亚不少公园和花园里都能看到它们的存在。除了对味美思和苦艾酒行业的贡献，因为其便于种植、生存能力很强，许多澳大利亚南部干旱地区的花园都会人工种植艾草。这种植物的生命力如此旺盛，以至于有时会越过围墙生长。银艾在新南威尔士州和南澳大利亚各地生根发芽，墨尔本周边的公路两旁也能看到南艾蒿（又称中国艾草）。

作为一种功能齐全的植物，青蒿得名于卡里亚（Caria，今土耳其的一部分）的女王阿尔特米西亚二世（Artemisia II）。阿尔特米西亚女王生活在公元前4世纪，是一位著名的植物学家。她认为，青蒿有着调节月经的作用。这种认识与一位希腊神祇阿尔忒弥斯（Artemis）有关（阿尔特米西亚女王的名字就来源于阿尔忒弥斯），作为月神，阿尔忒弥斯可以调节地球的运转周期。今天，人们发现，蒿属植物能够调节月经可能是因为其中的倍半萜类化合物（sesquiterpoenoids），这种化合物也是目前使用最广泛的抗疟药的有效成分。中国汉代（公元前200年左右）时，就有关于这种化合物作用的相关记载，当时人们认为这种物质在治疗间歇性发烧（疟疾的典型症状之一）时有用。

提姆·恩特维斯

苦艾金酒

同笔者一样，塞巴斯蒂安·雷本[①]（Sebastian Raeburn）也喜欢苦艾。他调配出了安泽尔（Anther）金酒——一种爽口的饮品，其中就加入了苦艾成分。其实，金酒中的许多植物原料也是味美思的植物原料。可以说，金酒就是蒸馏酒里的味美思，而味美思则是葡萄酒里的金酒。觉得安泽尔太复杂，担心自己不会调？没关系！只要照着下面这个配方操作，您也一样能轻松调出一杯有着完美苦艾香气的爽口特饮。

调配700毫升（23½ 液量盎司）苦艾金酒

1份700毫升（23½ 液量盎司）伦敦干金酒，必富达（Beefeater）金酒就是个不错的选择

20克（¾ 盎司）新鲜苦艾，切碎备用

将金酒和苦艾混合，倒入一个大的密闭容器中，盖上盖子，静置。

在室温下浸泡45分钟。

将金酒用细筛子过滤后倒入消毒过的玻璃瓶或玻璃瓶中（详见本书第78页），把苦艾滤除。

搅拌均匀后就可以大口饮用了。

①塞巴斯蒂安·雷本：澳大利亚著名的酿酒师、调酒师、酒类研究专家，是澳大利亚著名酒类品牌安泽尔金酒的联合创始人之一。雷本对于蒸馏技术、鸡尾酒酒吧与餐厅，乃至整个酒类行业都颇有研究。他在世界范围内享有盛誉，获得了不少国际奖项。

传统植物原料

我接触金酒的时间比味美思的时间还要长。那时的我在墨尔本的金酒宫酒吧，如饥似渴地一边喝酒，一边学习酒类知识。

除了马天尼鸡尾酒，还有一点把金酒和味美思紧密联系在了一起：这两种酒都使用植物原料来调味、加香。起初，这种两种酒都是为了药用目的而添加了植物原料。1269年，雅各布·范·玛尔兰（Jacob van Maerlant）在《本质之花》（*Der Naturen Bloeme*）一书中写道："将煮过的雨水或葡萄酒与杜松果混合，可治疗胃痛。"包括笔者在内的许多人都认为，这就是金酒的起源。后来，添加植物原料是为了掩盖酒精的难闻气味，从那时起，越来越多的人把味美思当作饮品，而非药酒来饮用。味美思真正兴起要等到工业时期，当时，一些"聪明人"往变质了的葡萄酒里加草药、糖和酒精，使其更易于入口，同时延长其保质期。所添加的植物往往是就地取材的，这也促使早期味美思形成了因地而异的独特风味。

这段往变质葡萄酒里加料的陈年往事虽然不够光彩，但也确实揭示了产区当地原料与所酿造味美思风味之间的关系。如今，味美思生产商从世界各地的植物中寻找所需要的原料。笔者所在的迈登尼品牌也是这样做的，但笔者以为，产品的核心应该是鲜明的地域特性。都灵和意大利北部地区的传统味美思就是一个典型的例子。这些传统味美思品牌选用的植物原料往往都是本地常见的苦艾和杜松子。历史上，通过附近的热那亚港，意大利的味美思品牌也能采购到包括香草在内的许多充满异国风情的稀缺香料。香草也是意大利卡帕诺古老味美思配方中的关键调味剂。

笔者参与了迈登尼第一款味美思的调配。当时，大家集思广益，开出了一份希望在酿酒过程中使用植物的清单，详细列举了超过200种澳大利亚原生植物和传统植物。之后，我们又按照植物部位对这两百多种植物进行分类，把具有相似作用和功效的归为一类。通过列举归类，我们不仅了解了单一植物的风味，也了解了它们所含有的不同成分对于味美思口味的影响。最终，在大家的努力之下，我们得到了一份包括根茎、树皮、花、果实、叶和种子的完整分类清单，并从中精心遴选出属于核心机密配方的34种植物，迈登尼味美思的核心产品线就这样诞生了。

植物根茎，树皮

花

果实，叶

种子

植物根茎

在味美思中加入根茎能创造出极致的苦味体验。

以龙胆根为例，这种根的苦味惊人、即使已稀释至原浓度的1/12000，人们也依然能够感受到。这种极端的敏感可能源于人类对苦味本能的反感。经过多年的进化，人类的味蕾已逐渐意识到，苦味是一种潜在的毒素，因而会以本能反应的形式进行警示。因此，我们往往需要过一段时间才能适应啤酒或金巴利酒①的味道。这个机制也有它的好处：当我们尝到苦味时，大脑会将其识别为有毒物质，并加速新陈代谢以帮助身体消化。这就是为什么餐后饮料或开胃酒通常都含有苦味。想调配出最可口的味美思，就要在其他成分的酸味、甜味与根的苦味之间找到平衡，让三者更加趋于融合。

配制龙胆制剂

这份配方选自威廉·路易斯（William Lewis）所著的《本草实验史》（*Materia Medica*，1791），用来制备简单的液体制剂，以缓解轻微的胃部不适。

制备425毫升（14½ 液量盎司）制剂

425毫升（14½液量盎司）水
28克（1盎司）龙胆根
28克（1盎司）新鲜柠檬皮
16克（½ 盎司）干橙皮

将425毫升（14½ 液量盎司）水倒入锅中，用中高火煮沸。加入龙胆根、柠檬皮和干橙皮，转至中低火，慢火煮1小时，使吸收完全。

用细筛子过滤，将液体灌入灭菌的玻璃罐或玻璃瓶中（详见本书第78页），在冰箱中最长可保存2周。

①金巴利酒：意大利著名的利口酒品牌，通常以蒸馏酒为酒基，配上独特的秘方酿制而成，可以纯饮，也可以加入橙汁或苏打水，还可以与意大利甜味美思酒混合饮用。

龙胆（GENTIANA LUTEA, G. SCABRA）

龙胆味道虽苦，却备受人们喜爱。这种高山植物原产于欧洲中部和南部，其根部极苦，经采收、干燥后用作各种酒类的苦味剂。著名龙胆酒品牌如苏兹（Suze）、撒勒斯（Salers）、加香葡萄酒品牌美国佬都使用了这种植物材料。大多数的鸡尾酒苦味剂都含有龙胆根。而作为标准苦味剂，龙胆也长期用于治疗胃病。我一直认为，大餐后促消化的最好方法莫过于小酌一杯（¼ 液量盎司，即10毫升）苦味鸡尾酒。

园当归（ANGELICA ARCHANGELICA）

如果说野芹是大号芹菜，园当归就是大号胡萝卜了。园当归与胡萝卜、香菜、芹菜同属于伞形科，而伞形科就是因它们伞形的花朵而得名的。我记得我在伦敦的时候就很喜欢园当归。自19世纪后期以来，这种植物就一直在泰晤士河附近自然生长。而从1768年开始，人们就已经在附近的邱园（Kew Gardens）中人工养殖园当归了。1633年，草药学家约翰·杰拉德（John Gerard）提出，“随身携带这种植物的根茎，就可以免受巫蛊邪术的侵害。”生长在伦敦的林当归（Angelica sylvestris）是园当归的野生近缘种，花的高度可达2.5米，但是它们大部分已经不在河边生长了。

鸢尾（IRIS FLORENTINA）

鸢尾是本书作者、酿酒大师吉尔挚爱的植物原料之一，只需要看看配制鸢尾酊时他那一脸陶醉的神情，你就明白了。在酒类生产中，干鸢尾根可以作为酒用定香剂，在植物草药和葡萄酒的混合过程中固定油和水。因为这种固定作用，鸢尾与当归根一起，也被广泛用于杜松子酒的生产。鸢尾以希腊彩虹女神的名字命名，花瓣代表着信仰、智慧和勇气。如此浪漫的历史人文典故，再加上本身的美丽，很少有人不为之动容。世界上共有300余种鸢尾，其中大多数都很易于种植。

树皮

树皮的作用与根茎相似，都能给味美思带来一些苦味。

除了苦味，树皮还有着相当独特的香气。许多树皮都有消炎杀菌的作用，下次如果不慎划伤了，别急着去涂消炎药膏，喝上一杯味美思也能消炎、防感染。

肉桂风味烤肉调料

这种烤肉调料和市面上的牙买加风味烤肉调料差不多，不同之处在于这款调料加入了更多的肉桂和少许咖啡，适用于各种肉类，在猪肉和鸡肉上用效果特别好。

调配80克（2¾盎司）烤肉调料

50克（1¾ 盎司）浅色黄糖
10克（¼ 盎司）肉桂粉
10克（¼ 盎司）现磨咖啡豆
5克（⅛ 盎司）干辣椒碎
一小撮豆蔻粉
5克（⅛ 盎司）丁香粉

将所有的材料放入碗中，搅拌均匀。

把搅拌好的调料均匀涂抹在待烤的肉上，静置30分钟后再使用明火烧烤。

肉桂（CINNAMOMUM VERUM, C. CASSIA）

18世纪，为了满足欧洲大陆对肉桂的需求，西班牙决心大规模人工养殖这种植物。因为这种生长于热带和亚热带之间的植物在地中海一带难以生存，所以西班牙人在美洲中部地区建立了巨大的肉桂种植园，总数接近50万棵。今天，因为其特殊的芬芳气味，有两种肉桂被普遍种植。这两种植物分别是肉桂和被称作“真肉桂”的锡兰肉桂。虽然肉桂的皮在烹饪过程中能更好地保持原味，但和锡兰肉桂相比，肉桂更苦，味道也更差一些。在澳大利亚，最常见的肉桂类植物是香樟（Cinnamomum camphora）。在墨尔本，樟树是一种很受欢迎的行道树，但是在澳大利亚北部，樟树往往被认为是一种讨人厌的杂树。通过蒸馏，樟树的树皮和树木可以提取出香樟油，而刚被砍伐的新鲜香樟木上也能见到这种油。

金鸡纳（CINCHONA CALISAYA, C. SUCCIRUBRA）

金鸡纳树皮取自几种金鸡纳属植物。这种植物很有名，抗疟药奎宁就是从这种植物中提取而来的。奎宁对于世界医学界的影响这里就不再赘述了，简而言之，就像火药对于战争的影响一样重大。加香型葡萄酒的一个分支就是奎宁酒，而这一类葡萄酒必须含有金鸡纳树皮。金鸡纳也是奎宁水（tonic water）的主要植物原料，换言之，奎宁水就是无酒精饮品里的味美思。围绕金鸡纳有很多故事传说，其中，笔者最喜欢的一个传说讲的是人们如何发现这种植物有抗疟作用的：相传，金鸡纳伯爵夫人在秘鲁不幸患上了疟疾，当地人建议她到附近的一个池塘去洗澡。因为附近长了不少金鸡纳树的缘故，这个池塘的水都变苦了。洗完澡后，伯爵夫人的病立刻痊愈，还真是蒙神庇佑啊！当然，这个说法后来被历史学家们辟谣了，但故事本身还是很有意思的。

栓皮栎（QUERCUS SUBER）

欧洲栓皮栎，拉丁语为“*suber*”，是一种栎属（*Quercus*）植物。它原产于欧洲西南部和北非西北部，是一种中型的常绿乔木，树冠宽大，主要生长在开阔的林地，适应的气候以冬季寒冷潮湿，夏季干燥炎热为主要特征。欧洲栓皮栎一般在山坡和低坡上生长，喜爱酸性土壤。堪培拉国家植物园（The National Arboretum Canberra）中有一个种植园，其历史可以追溯到20世纪20年代左右。在最早种植的树木中，大约有2600棵存活了下来，其中许多树被采伐之后用于制造软木塞，供室内设计、制鞋和隔音等行业使用，不过它们没有被用来制作葡萄酒瓶塞。葡萄酒软木塞的生产大多集中在葡萄牙、西班牙和地中海周边地区。虽然不直接用作酿酒的植物原料和调味剂，但在味美思的装瓶过程中，软木塞的作用也不容小觑，所以笔者把栎木也算在味美思生产所需的植物原料之中。

花

花有很多可以利用的部分。例如，玫瑰花瓣可用于护肤品和烹饪，而番红花柱头部分的藏红花，则是一种非常珍贵的香料。

不论到底来自植物的哪一个部位，这些香气都能让你感到温暖而安心，如同温和的夏日夜晚在花园里漫步的感觉。没有花香的味美思就像是一道没有调料的菜肴，喝还是可以喝，只是口味上就显得格外平淡了。

曼萨尼娅，曼萨尼娅（MANZANILLA MANZANILLA）

又名洋甘菊菲诺（Chamomile Fino）。无论叫什么名字，这款饮品都是很好喝的。可以像开胃酒一样冰镇后饮用，或者想尝尝鲜的话，也可以在金酒或奎宁水中少量加入曼萨尼娅之后饮用。

调配405毫升（13½ 液量盎司 ）

1份375毫升（12½ 液量盎司）冰镇的菲诺雪莉酒（fino sherry）①

4汤匙干洋甘菊花，如洋甘菊茶等

30毫升（1液量盎司）以 2:1浓度配置的糖浆（详见本书第77页）

将所有材料放入碗中，浸泡30分钟。在浸泡过程中，偶尔搅拌一下。

浸泡后，将雪莉酒用细筛子过滤后倒入壶中，滤除洋甘菊花。将过滤后的雪莉酒倒入灭菌的玻璃罐或玻璃瓶中（详见本书第78页），然后放入冰箱保存，最长可保存2周。

①菲诺雪莉酒：“Fino”在西班牙语中是“精细”的意思。菲诺雪莉酒酒体颜色灰白，干型。清淡型酒体，口感甘洌、清新、爽快。它的香气精细优雅，给人以清新之感，是质量档次很高的一种传统雪莉酒品种。

洋甘菊（CHAMAEMELUM NOBILE）

使用热水冲泡洋甘菊饮用，能让人很快放松下来，沉沉睡去。洋甘菊是一种美丽而复杂的植物，有着细腻的花香、苹果香，还有持久的泥土香。在西班牙，洋甘菊被称为曼萨尼娅。这其实有点奇怪，因为西班牙南部酿造的一种加强型葡萄酒——菲诺雪莉酒也叫这个名字。可能因为人们偶然发现，菲诺酒和洋甘菊混合酿成的开胃酒味道很好，所以就这么叫了。洋甘菊也是添加利10号金酒中的主要植物成分。

丁香（SYZYGIUM AROMATICUM）

丁香是原产于印度尼西亚的一种香料，取自蒲桃属（Lilly Pilly）丁子香树（*Syzygium aromaticum*）6个月大的花蕾。蒲桃属的属名“*Syzygium*”来源于希腊语，是“联合在一起”的意思，指叶子在茎上相互对生，所有蒲桃属植物的叶子都是这样生长的。丁香则是因其极富异国情调的香气而得名。这种独特的香气让丁香在15世纪成为炙手可热的产品，包括荷兰东印度公司在内的许多机构和商人就是靠丁香贸易发了大财。干燥的丁子香花蕾可作香料、食品防腐剂和药用。虽然澳大利亚南部的许多地方都可以种植丁子香树，但可能不会开花，也就更谈不上什么花蕾了。

藏红花（CROCUS SATIVUS）

藏红花被誉为世界上最昂贵的香料，生产1千克藏红花需要消耗足足150,000株植株和400个小时的加工工时。因为藏红花由三个微小的柱头组成，而这些柱头都长在花内，所以香料的生产过程变得十分困难。藏红花的用途很广，从中药到食品染料，在各国烹饪都有使用。鼎鼎有名的马赛鱼汤（French bouillabaisse）[①]和西班牙海鲜饭（Spanish paella）都需要用到藏红花，只需少量加入就能起到很好的效果。在酿酒行业，意大利味美思品牌菲奈特-布兰卡（Fernet-Branca）就大量使用藏红花，从而使其酒体呈现出标志性的橙色。

①马赛鱼汤：此汤是一道经典的法式海鲜菜肴，也是马赛最具特色的菜肴。汤底一般用鱼骨、茴香和番茄慢慢熬成，加上鳕鱼片和贻贝，再以藏红花进行调味增色。

果实

在植物世界中，果实可不只是茶歇时吃的水果。

对于味美思而言，果实可以在不额外加糖的情况下提升味美思的甜度。以香草为例，很多人都认为香草有甜味，殊不知香草本身其实是不甜的。

柑橘雪酪
（CITRUS SHERBET）

这是一种非常棒的预调果汁，类似市面上出售的浓缩果汁（cordial），用途多种多样，既可以用来调配鸡尾酒，也可以拿来自制好喝的柠檬水。你可以先制备一种糖油混合物（sugar oil），然后将其溶解在榨出的果汁中。任何柑橘类水果都可以用来制作这种果汁，笔者个人最中意的是西柚。在调配浓缩美国佬鸡尾酒时，也会用到西柚和雪酪。

配制约1~1.2升（34~41液量盎司）

6个西柚或其他柑橘类水果，可根据自己的喜好选择

超细砂糖，用来增加甜度

将西柚去皮，把西柚皮单独放在碗里。将去皮后的西柚对半切开并榨汁，将果汁倒入壶中。按照一比一的比例，每1毫升（1/10 液量盎司）果汁，就往盛有西柚皮的碗里加入1克（1/10 盎司）超细砂糖，将碗放在温暖的地方浸泡3小时。

将果汁加入糖和西柚皮的混合物中，均匀搅拌，使糖充分溶解。用细筛子过滤后倒入灭菌的玻璃罐或玻璃瓶中（详见本书第78页），密封好后放入冰箱保存，最长可保存1周。

想喝柠檬水了？只需将1份雪酪与3份苏打水或气泡水混合，一杯好喝的柑橘柠檬水就大功告成了。此外，柑橘雪酪也可以作为辅料用来调配鸡尾酒。

柑橘（CITRUS AURANTIUM, C. LIMON, C. RETICULATA）

今天，柑橘种类可以说是数不胜数。但殊不知这么多种柑橘其实是由三、五种原始品种发展而来的，至于到底是三种还是五种，植物学界还存在不小的争议。不同的柑橘品种与不同类型的酒水搭配，效果都很好。也许最著名的柑橘和酒精的组合是意大利柠檬利口酒（Limoncello），以及各种橙子利口酒，如君度和柑曼怡（Grand Marnier）。对于不少味美思而言，苦橙和柠檬都是重要的植物原料。血橙多用于利口酒的酿造，如索伦诺（Solerno）和阿玛罗；青柠是著名鸡尾酒辅料法勒纳姆（Falernum）[①]的关键成分；而葡萄柚也被用在金酒中，如墨尔本金酒公司和英国的添加利10号金酒。在遥远的东方，日本人将柚子与清酒结合在一起，酿制出一种名为“柚子酒”的甜味饮品。像这样的组合还有很多，足可见柑橘在酒世界里的重要地位。

香草荚

作为价格仅次于藏红花的世界第二大名贵香料，香草的高昂价格一定程度上是因为其漫长的生产过程。香草荚只有少数几种天然授粉的动物和昆虫，包括兰花蜜蜂和蜂鸟，且天然授粉的成功率非常低。正因为如此，大规模授粉必须通过人工进行，授粉的时间也很短，只有约12小时。完成授粉后，果实需要9个月的时间才能成熟。完成果实的采收后，还需要经过为期6个月的发酵和干燥，才算大功告成。这样旷日持久的加工流程让香草的价格居高不下，每千克1000澳元的香草比比皆是。卡帕诺古老配方味美思就大量使用了香草，一方面可以增加甜度，另一方面也给味美思带来了温润而深厚的口感。

杜松

作为一种针叶树，杜松在欧洲各地都有种植。杜松的果实——杜松子撑起了一整个酒类品类——金酒（即杜松子酒）。一般来说，杜松是一种生长缓慢的树木，果实呈圆锥形。由于杜松的香气浓郁、层次丰富，而且由于其a-蒎烯（a-Pinene）和月桂烯（myrcene）含量较高，所以它是蒸馏或浸渍的理想选择。部位不同，香气和风味也各不相同：松针部分较为清淡，带有柠檬香气；相比之下，杜松油就更为厚重，带有明显的迷迭香味。这种变化很大程度上取决于蒸馏师采取的蒸馏方法，因此，金酒种类各异也就很正常了。

①法勒纳姆：一种热带和加勒比地区的姜味糖浆，基础原料包括姜、香草、丁香多香果等。和一般的鸡尾酒辅料相比，法勒纳姆有着更多层次，能够让鸡尾酒的口感更加丰富。

叶

对于一切植物体，叶都是十分重要的“器官”。

通过光合作用，植物的叶将太阳能转化为有机物，为植物提供能量。此外，从食用和调味价值来看，部分植物的叶子具有很强的刺激性，同时口味也很新鲜、“绿色”，能让食物和饮品尝起来更有新鲜感。

地中海酊（MEDITERRANEAN TINCTURE）

酊剂是一种从植物中提炼出的酒精混合物。本配方选用从四种常用于地中海菜肴的植物中提取酊剂，这四种植物分别是迷迭香、百里香、欧芹和鼠尾草。这种提取液可以作为辅料添加到血腥玛丽鸡尾酒、金酒、奎宁水，甚至是马天尼酒中。此外，酱汁、调味品和橄榄油中也都可以加入地中海酊。

配置100毫升（3½ 液量盎司）

5克（¼ 盎司）新鲜迷迭香叶，切碎

5克（¼ 盎司）新鲜鼠尾草叶，切碎

5克（¼ 盎司）新鲜百里香叶，切碎

5克（¼ 盎司）新鲜平叶欧芹（意大利欧芹）叶，切碎

1瓶100毫升（3½ 液量盎司）的精馏酒精（酒精浓度为95%）

将所有材料放入密闭的容器中，放在阴凉、避光的地方浸泡2天。将药材通过细筛子过滤后弃用，将滤得的液体倒入灭菌的玻璃罐或玻璃瓶中（详见本书第78页）存放。在冰箱中保存，最长可保存2个月。

可以随时取用，给自己的饮品增添一抹地中海风情。有一点需要注意：少量地中海酊就可以起到很好的调味作用，千万别加多了。

普通百里香（THYMUS VULGARIS）

T

普通百里香是薄荷家族的一员，和鼠尾草、迷迭香（注意，欧芹并不包括在内）同属于唇形科（Lamiaceae）。澳大利亚本土的木薄荷（Prostanthera rotundifolia）也属于这一科，木薄荷是澳大利亚一些本土味美思的调味剂。可供食品和饮料调味的百里香品种并不太多，只有寥寥数种，但还有很多其他培育品种。和大多数其他百里香一样，银斑百里香（Thymus vulgaris）原产于地中海地区，但该属植物在格陵兰岛和亚洲都有生长。几乎所有的百里香属都是小型灌木，有瘦长坚实的茎和芳香的叶，叶的气味在开花前最为刺激。

迷迭香（ROSMARINUS OFFICINALIS）

S

迷迭香是著名的草药之一，在烹饪中令人愉悦，在花园里极易种植。药用方面，迷迭香可用于治疗血液循环不畅、偏头痛、抑郁症、疲惫、焦虑、经期疼痛和食欲不振。在外用方面，它可以用于各种疾病的治疗，包括关节炎、伤口消炎、去除头皮屑，甚至还可以抑制脱发。迷迭香并不普通，甚至以笔者愚见，迷迭香明明是一位香料和草药界的天王巨星。

鼠尾草（SALVIA OFFICINALIS）

S

这种园林植物的历史绝对称得上非比寻常。鼠尾草的属名来自拉丁文“*salvere*”，意为“安康”。纵观历史，这种植物曾被用来辟邪、抗击瘟疫、延年益寿和提高生育能力。而在大量服用时，它也被认为是一种娱乐性药物（recreational drug）。鼠尾草含有樟脑油，而樟脑油中有50%的成分是侧柏酮——一种据说能使人产生幻觉的化合物。苦艾中也含有侧柏酮，多年前，也正是这一成分让苦艾酒臭名昭著。

种子

在味美思中添加植物种子只有一种作用：调味。

种子给味美思带来了一种温暖的感觉，让笔者联想到了热红酒（mulled wine）[①]和苹果派。为了增强调味效果，一般都会把种子晒干再使用。一般而言，只需加入少量种子就会有很好的效果。

小茴香、芫荽、茴香茶（CUMIN, CORIANDER & FENNEL TEA）

不少人都认为这种茶能刺激消化，有助于减肥。听起来很不错，但问题在于，这种茶的味道真的不算很好。加枫糖浆可以显著提升口感，让人更享受喝茶的过程，可是加了糖之后很可能又不健康了。撇开这些不谈，在一个寒冷的冬日午后，慵懒地享用完一顿姗姗来迟的午饭后，再来上一杯茴香茶，实乃人间一大乐事。

1人份

½ 茶匙孜然
1茶匙茴香籽
1茶匙芫荽籽
15毫升（½ 液量盎司）枫糖浆

200毫升（7液量盎司）热水

将以上所有辅料放入200毫升（7液量盎司）的热水中浸泡5分钟，用茶叶滤网过滤后饮用。

①热红酒：一种酒类饮料，通常以红葡萄酒为基酒，加入肉桂、香草、丁香、柑橘和糖等多种辅料后加热饮用，在欧洲多为圣诞节期间的传统饮品。

芫荽（CORIANDRUM SATIVUM）

首先需要注意的是，味美思中添加的是芫荽的种子，而非芫荽叶，所以我们大可以忽略芫荽的另一个名字：香菜，因为这个名字更多的是指芫荽叶。当然，就更没有必要纠结到底喜不喜欢香菜了。顺带一提，香菜的属名来自希腊语“*Coris*”，意为“虫子”，暗指香菜碾碎之后的气味。芫荽中含有的一种化学物质可以作为吸味剂使用，只需达到亿分之一的浓度（约为一个标准奥运游泳池中的10滴水），就可以中和食物的浓烈气味，比如感恩节时美国南部地区常吃的猪小肠。种子，或者更确切地说，干燥的果实，有着不同的化学物质和作用。最有意思的是，芫荽在与酒精相互作用之后，会让人感受到一股强烈的柑橘气味。当蒸馏或浸渍时，芫荽会产生类似于热柠檬或者添加了香料的柠檬香气，给味美思和金酒带来宜人的柑橘气息。芫荽属目前只有两个品种，其中最常见的芫荽原产于地中海东部和西南亚地区。

肉豆蔻（MYRISTICA FRAGRANS）

无论你信不信，肉豆蔻也是有毒的。这并非耸人听闻，相关报道称，有人因食用过量肉豆蔻而中毒，而只需2汤匙，就已经是过量了。这些人食用过量肉豆蔻的原因是因为肉豆蔻素。它是肉豆蔻含有的活性成分，被认为有精神药物的作用。然而，医生表示，肉豆蔻中毒的人，基本上身体都难受得要死，根本没感受到什么神奇的精神效果。传统的潘趣酒里也会加肉豆蔻粉，以至于在16世纪的时候，收集古董肉豆蔻粉盒的热潮风靡一时，对于那些潘趣酒的狂热爱好者而言，这种精致的小物件是必须收藏的宝贝。

小豆蔻（ELETTARIA CARDAMOMUM）

食物和饮料中常用的小豆蔻主要有两种，分别是绿色的和黑色的。比较常见的绿豆蔻与印度菜有着密切的关系，能给菜肴带来树脂般的香气。相比之下，黑豆蔻的烟熏味就更浓一些。金酒生产中大量使用绿色品种的小豆蔻，因为它有类似于香草的能力，可以在不额外添加任何糖分的情况下给人以甜美的感觉，同时也能让酒整体的香气更上一层楼。小豆蔻还能与柑橘类水果搭配，从而突出柑橘宜人的味道。

澳大利亚原生植物

澳大利亚确实是一片幸运的大陆，对于这里生长着的独特植物品种而言更是如此。因为澳大利亚在地理上几乎与世隔绝，这样的区位条件让澳大利亚原生的植物能够在不受外界干扰的情况下自由生长与进化。

与其他国家相比，澳大利亚人对原生植物的了解还是太少。但尽管如此，在澳大利亚的高端餐厅很流行使用本地出产的食材，而这种趋势也慢慢地渗透到了更多的主流餐厅之中。在墨尔本的阿提卡（Attica）和丹麦的诺玛（Noma）等知名餐厅，本地食材已经呈现出供不应求的热销景象。在迈登尼，我们在味美思中加入澳大利亚原生植物，因为它们有助于唤起人们的归属感。除此之外，还有许多独特的澳大利亚风味，都让人赞叹不已。

来自

一片神秘

又充满矛盾的热土

金合欢（ACACIA）

澳大利亚的金合欢树大多是相思树属（*Acacia*）的，少数不是这一属的金合欢大多生长在澳大利亚北部，属于儿茶属（*Senegalia*）或金合欢属（*Vachellia*）。澳大利亚生长着一千多种金合欢，其中大部分的种子都是可以食用的，同时部分品种的种子含有毒性。一般人们还是倾向于选择那些确定安全无毒的品种，比如黑荆树（*A.mearnsii*）和黑木相思（*A.melanoxylon*）。世界上有1500多种金合欢树，大部分原产于澳大利亚，此外在非洲也有不少，整个非洲大陆上都能看到这种带着荆棘的树木。无论是非洲、亚洲、南美洲还是澳大利亚的金合欢树，都有着像蕨类植物一样的两排羽毛状的小叶子，或是有着平坦的叶片，学名“叶状柄”，其本质上是宽大的叶柄，而非真正的树叶（这样的植物在年龄小的时候也可能会有羽毛状的叶子）。

金合欢是澳大利亚的国花。在我们的核心味美思系列产品中，选用的是经过烘焙的金合欢籽。我们非常喜欢这种植物：烘焙后的种子散发着咖啡和可可的香气，坚果风味相当突出，用在金酒中的效果非常好，在蒸馏之后还可以让酒体更加细腻柔和。西风金酒（The West Winds gin）和埃隆巴克金酒（Ironbark gin）也使用了这种独特的植物原料。在一些食品和饮料配方中，它可以完美替代咖啡粉，在给人带来愉悦的咖啡和坚果香气的同时又不含任何咖啡因。笔者品尝过不少加入金合欢籽的美食，其中最喜欢的一道还要数烘焙金合欢籽英式奶油配焦糖香蕉。这道难得的美味是尼克·泰瑟尔（Nick Tesar）在几年前的一次鸡尾酒品鉴会上为笔者亲手操刀准备的。

金合欢籽糖浆（WATTLESEED SYRUP）

这种糖浆用处很多，你可以用它来给咖啡调味、浇在冰激凌上食用，用来调鸡尾酒也很不错。这种糖浆可以完美替代咖啡利口酒，调配出极好的浓缩咖啡马天尼（Espresso Martini）。

调制400毫升（13½ 液量盎司）

50克（1¾ 盎司）经过烘焙的金合欢籽

250克（9盎司）超细砂糖

500毫升（17液量盎司）水

将金合欢籽放入锅中，加入500毫升（17液量盎司）水，使用中火加热。文火煮15分钟，用细筛子过滤后，将其放入一个干净的锅中，加细砂糖。不断搅拌直至溶解，然后将金合欢糖浆倒入灭菌的玻璃罐或玻璃瓶中（详见本书第78页），密封好，放入冰箱中保存，最长可保存1周。

海欧芹（APIUM PROSTRATUM）

海欧芹确实是欧芹的一种，拉丁文学名为“*A.prostratum*”。这是一种来自澳大利亚南部的低矮植物，是三种芹属植物之一，其他两种分别是芹菜和块根芹。海欧芹主要生长在海边的沙丘和海岸附近的悬崖峭壁上，有一些亚种和其他变种，但实际上它们并没有太多区别，也就是叶子大小不一样而已。和园当归（详见本书第49页）一样，海欧芹也是常见的可食用伞形科植物之一，不过，一定要小心毒堇和其他一些含有剧毒的亲缘植物。

这种植物也叫“海芹”，加在汤里的表现非常突出，它同时具有芹菜和欧芹的特点。在我们核心的苦艾酒产品中，加入了干燥的海欧芹，给味美思带来了泥土和近乎烟草般的香气。除了海盐，西风（The West Winds）牌布罗塞德金酒（Broadside gin）中也加入了海欧芹，效果很好，配上金酒和奎宁水，再加一点菲诺雪莉酒，味道好极了。

布罗塞德金汤尼（BROADSIDE G&T）

相较于其他金汤尼，这款金汤尼鸡尾酒中加入了少许菲诺雪莉酒，强化了海芹的咸味，从而让口感更加丰富（meatier）。笔者建议使用比普通菲诺雪莉酒更咸一点的曼萨尼娅雪莉酒，注意不需要加太多，只要按照一般金酒用量的⅓加入就可以了。

1人份

30毫升（1液量盎司）西风牌布罗塞德金酒
10毫升（¼液量盎司）菲诺雪莉酒
90毫升（3液量盎司）奎宁水
冰块

海芹或柠檬角，用作点缀（非必须）

先在高球杯中放入冰块，除海芹外，将所有其他材料放入高球杯。可以使用海芹或柠檬角稍做装饰（非必须），布罗塞德金汤尼鸡尾酒就调好了。

草莓桉（EUCALYPTUS OLIDA）

草莓桉是一种中型树种（高约20米），主要生长在新南威尔士州周边地区。其修长的叶子有着浓郁的浆果香气，同时也有桉树的味道。作为澳大利亚土著药典中的一味药，当地原住民因其独特的浆果味而咀嚼草莓桉的叶子，并将其潮湿的树枝放在火堆上烘烤、释放香气。当地人认为，草莓桉的香气可以帮助缓解恶心呕吐的症状。这种植物被广泛用于糖果、烘焙和化妆品行业，现在，澳大利亚的烹饪和蒸馏行业也在普遍使用这种植物。

草莓桉是我们喜欢的植物原料之一，在生产甜味美思的过程中大量使用了这种植物。草莓桉中含有一种叫作“肉桂酸甲酯”(methyl cinnamate）的化学物质，这种物质也存在于草莓中。除了我们，可怜的汤姆斯（Poor Toms）和布罗肯（Brocken Spectre）两家品牌也都在他们的金酒中大量使用了草莓桉。想要尽享草莓桉的美味，又不想费事?最简单的方法是制作草莓桉糖粉，做好以后就可以用它来代替糖霜或者糖粉，给食物添上一份草莓桉特有的香味。

草莓桉糖粉（STRAWBERRY GUM ICING SUGAR）

调味糖粉是制作甜点和蛋糕所不可或缺的重要配料，这款草莓桉糖粉不仅味道很好，而且有鲜明的特色。

制备100克（3½ 盎司）

100克（3½ 盎司）冰糖粉

5克（⅛ 盎司）干草莓桉树叶

将冰糖粉和干草莓桉树叶放入密闭的容器中，在阴凉处放置2天。将冰糖粉过筛，滤除树叶后，倒入干净的密闭容器中。密封严实的情况下，最长可室温保存2个月。

澳大利亚薄荷（MENTHA AUSTRALIS）

在澳大利亚东南部地区的河岸附近或者其他潮湿环境里，都能看到这种蔓生灌木。澳大利亚薄荷能开出美丽的淡紫色的小花，作为一种地被植物，它在澳大利亚的花园中很受欢迎。澳大利亚薄荷娇小的叶子具有浓郁的薄荷香气，早期定居者经常用这种植物入药，或是给烤羊肉调味。除了作为食物的调味品，几个世纪以来，澳大利亚原住民也一直用澳大利亚薄荷芳香的叶子来治疗各种疾病，包括咳嗽、感冒和胃部不适。

澳大利亚薄荷的味道和香气与常见的薄荷非常相似，只是气味没有那么浓烈而已。我们在味美思中使用它来增加酒的新鲜感，同时平衡辛辣的味道。阿奇罗斯（Archie Rose）和波坦尼克（Botanic Australia）也在他们的金酒中加入了澳大利亚薄荷。

美国佬莫吉托（MOJITO AMERICANO）

笔者从经典的朗姆鸡尾酒配方中获得了灵感，把朗姆酒换成了柯奇美国佬（Cocchi Americano）。没有新鲜的澳大利亚薄荷也没关系，普通薄荷一样可以用。

1人份

60毫升（2液量盎司）柯奇美国佬
20毫升（¾ 液量盎司）青柠汁
5毫升（⅛ 液量盎司）2:1糖浆（详见本书第77页）
冰块

鲜薄荷少许，额外多备一些用作点缀

在高球杯中加入冰块，然后将其他材料倒入高球杯中。用鲜薄荷稍做点缀，美国佬莫吉托就调好了。

柠檬桉（CORYMBIA CITRIODORA）

这种高大的树木生长在澳大利亚东北部地区，气候以温带和热带为主，柠檬桉最高可以长到35米。柠檬桉别名柠檬香桉（Lemon-scented gum）、蓝斑桉（Blue-spotted gum）、柠檬尤加利（Lemon eucalyptus），人们采伐这种大型树主要是为了获得结构性木材和美丽的柠檬桉叶。从柠檬桉叶中提取出的精油是一种理想的香水原料，此外，在以原住民传统美食为卖点的澳大利亚餐饮业中，柠檬桉也越来越受欢迎。几个世纪以来，澳大利亚的原住民一直使用柠檬桉作为一种驱虫剂，他们把柠檬桉树叶压碎，释放出强烈的香气以驱除蚊虫。

这是一种非常有趣的植物原料，从名字里就可以看出来，柠檬桉同时拥有桉树和柠檬的香气。澳大利亚的金酒品牌安泽尔就使用柠檬桉来给他们的植物混合酒增添独特的新鲜感，迈登尼在生产奎宁酒时也会使用这种植物。柠檬桉也可以用来调配可口的无酒精饮品，只需在气泡水和大量冰块里加入柠檬桉，就可以调出最完美的夏日特饮。

柠檬桉特饮（LEMON GUM CORDIAL）

这款柠檬特饮是夏日消暑的绝佳选择，也可以搭配金酒加热饮用。只需将1份柠檬桉特饮、1份安泽尔金酒和4份热水混合在一起，然后饰以柠檬角即可。在寒冷的秋日夜晚来上这样一杯特饮绝对是令人愉悦的。

调配650毫升（22液量盎司）

650克（1磅7盎司）超细砂糖

20克（¾ 盎司）鲜柠檬桉树叶（用手捏碎）

10克（¾ 盎司）柠檬酸

650毫升（22液量盎司）水

将所有材料与650毫升（22液量盎司）水一起倒入锅中，用中高火煮沸。将火力降至中火，再煮30分钟，然后从火上移开，静置在一边，等待完全冷却。

将冷却后的液体用细筛子过滤，过滤后倒入灭菌的玻璃罐或玻璃瓶中（详见本书第78页），放入冰箱中保存，最长可以保存2周。

戴维森李子（DAVIDSONIA）

在澳大利亚的亚热带和热带地区，从新南威尔士州北部地区一直到昆士兰，生长着好几种戴维森李子。这种灌木果树的果实长在树干上，味道酸甜可口。戴维森李子和英国李子（English bloom plum）在外形上十分相似，但两者并没有亲缘关系。这两种李子都富含钾、叶黄素（有助于改善视力）、维生素E、叶酸、锌、镁和钙。因为果实本身有着强烈的酸味，不适合直接作为新鲜水果食用，拿来烹饪或者蒸馏会比较好。

笔者第一次接触到戴维森李子还是在金酒宫酒吧工作的时候。当时，笔者就认为这种植物完全可以代替黑刺李（sloe berries）来调配金酒。试验了一下，味道确实不错。几年后，我的一个朋友艾迪·布鲁克（Eddie Brook）更进一步，做出了一款相当惊人的产品：他在金酒中加入戴维森李子，酿制出了布鲁克拜伦湾干型金酒（Brookie's Byron Bay dry gin）。我们迈登尼的小夜曲系列（Maidenii Nocturne）产品中也使用了戴维森李子。这种植物结合了一般李子的温暖口味与很高的酸度，能够有效地平衡酒中的甜味。

加料热巧克力（SPIKED HOT CHOCOLATE）

这是一款适合凉爽季节的甜点，强烈推荐在火炉边一边烤着棉花糖，一边享受这款热巧克力。

1人份

只需用你最喜欢的配料做一份热巧克力，然后根据个人喜好，加入适量的布鲁克黑刺李金酒，一份简单又美味的加热巧克力甜品就做好了。

手指柠檬（CITRUS AUSTRALASICA）

很多人都不知道的是，世界上25种柑橘中，约有一半来自澳大利亚、巴布亚新几内亚或新喀里多尼亚，其中也包括手指柠檬，也叫指橙。澳大利亚联邦科学与工业研究组织（CSIRO）和其他机构以手指柠檬为亲本，培育出了许多品种。作为培育品种之一的澳大利亚血橙是由红果实手指柠檬和兰卜莱檬（Rangpur lime）杂交而成的。兰卜莱檬本身就是柑橘和柠檬的杂交品种，可能是通过嫁接从中国引进的野橙（Hardy Orange，拉丁学名“*Citrus trifoliata*”，中文学名“枳”）培育而成的。另一种很受欢迎的培育品种是澳大利亚日升橙（Australian Sunrise），是一种由（非红色果实的）手指柠檬和加拉蒙地亚橘（Calamondin）杂交而成的品种。诸如此类的杂交变种还有很多，而且肯定还会有更多的新品种被培育出来。

笔者第一次使用手指柠檬是在金酒宫酒吧的时候，和四柱金酒品牌合作，往酒中加手指柠檬。四柱金酒的厂商希望调配出海军强度金酒（Navy Strength gin），就让我们这些在酒吧一线工作的负责测试和反馈。起初，和普通金酒相比，他们的这款海军强度金酒只是简单提高了酒精度数，但在测试期间，厂商开始尝试加入新的植物原料，而手指柠檬也开始崭露头角。在蒸馏时，手指柠檬的表现非常出色，与杜松子的配合的效果也非常好，而杜松子恰恰是许多金酒中最主要的植物原料。出于相同的原因，迈登尼在奎宁酒中也加入了手指柠檬，这种植物真的能让其他辛辣味植物的表现更上一层楼。在鸡尾酒杯中先放上手指柠檬，再倒入玛格丽特酒，一杯口感极好的鸡尾酒就调好了。

手指柠檬配生蚝

这是笔者中意的享用生蚝的方法之一。

只需将生蚝洗净，在上面挤上一些手指柠檬的果肉即可，不需要其他配菜，要是手边有一瓶干型味美思佐餐就更好了。

番樱桃（SYZYGIUM LUEHMANNII）

关于番樱桃的最早记录来自1893年，费迪南·冯·穆勒（Ferdinand von Mueller）得到了一个从昆士兰州境内海拔最高的巴特弗里山（Bartle Frere）上采集到的植物标本。对此，他做了详细的记录。番樱桃的叶比较小，果实呈鲜艳的亮红色，尝起来有肉豆蔻、月桂叶和丁香的香气，难怪它有一个别名叫丁香番樱桃。在穆勒的记录中，他把这种植物归为番樱桃属（*Eugenia*）。而直到1962年，人们开始重新研究这种植物的时候，悉尼皇家植物园的园长劳里·约翰逊（Lawrie Johnson）才把它归为蒲桃属（*Syzygium*）。不少其他种类的番樱桃也以果实颜色鲜艳、味道可口而闻名，添加在味美思中可以增加口感的丰富度。其实，番樱桃属、肖蒲桃属（*Acmena*）和蒲桃属中的不少植物都有这样类似的作用。

番樱桃口味鲜明、味道强烈，从外观上看，你绝对想不到这种植物有着很突出的辛辣口感，还散发着丁香和八角的香气。在澳大利亚，奥卡阿玛罗（Okar Amaro）以使用番樱桃而著称，阿玛罗品牌标志性的红色和独特的口味在很大程度上都要归功于这种植物。斯多瑞金酒（Story gin）的植物混合酒中大量使用了番樱桃，迈登尼小夜曲系列产品里也添加了番樱桃。

烟熏正山小种红茶鸡尾酒

正山小种红茶的烟熏与单宁风味和奥卡阿玛罗酒的辛辣口感相得益彰，堪称绝配。

1人份

冲泡一杯正山小种红茶，加入少量的奥卡阿玛罗酒。完全不需要加太多，200毫升（7液量盎司）茶水加10毫升（¼ 液量盎司）酒就足够了。

澳大利亚红莓（KUNZEA POMIFERA）

作为澳大利亚的原生植物，澳大利亚红莓是一种浆果灌木，生长在澳大利亚东南部和维多利亚州西部地区。在自然状态下，澳大利亚红莓是一种低矮的地被植物，而出于商业目的，人们也会使用棚架栽培这种植物。这种植物的叶片较小，形状为圆形，春季时会开出大量羽毛状的乳白色花朵。澳大利亚红莓结出的果实比较小，成熟时从绿色变成红中带紫的颜色，非常好看。红莓果实可以直接食用，含有丰富的维生素C和抗氧化物质，其含量要远高于蓝莓。澳大利亚红莓口味丰富，甜味、辛辣味、苹果的香气和杜松子味一应俱全，因而在食品和饮品行业都非常受欢迎。

每次谈到这种植物，笔者就会想到苹果派。苹果派有的味道，澳大利亚红莓都有：苹果、肉桂、香草，甚至还有一丝丁香的气息。很多金酒品牌经常使用澳大利亚红莓，迈登尼也不例外，在小夜曲系列产品中大量使用了这种植物。在吕梅（Lûmé）餐厅工作时，尼克·泰瑟尔在日本梅酒中加入了冰镇澳大利亚红莓，两者的搭配堪称天作之合，味道好极了。

澳大利亚红莓酱（MUNTRIE JAM）

想要一年四季里都能品尝澳大利亚红莓的美味？那澳大利亚红莓酱不失为明智之选。如果想要充分发挥红莓的潜力，还需要加入大量的糖。红莓酱可以涂在奶油蛋卷上，如果乐意的话，再淋上少许英式蛋奶酱就更好了。除了甜品，这款酱也完全可以用来调配鸡尾酒，就比如之后会介绍的澳大利亚红莓鸡尾酒（Kunzea Pomifera，详见本书第124页）。

制作约800克（1磅12盎司）

250毫升（8½液量盎司）水

500克（1磅2盎司）澳大利亚红莓

500克（1磅2盎司）超细砂糖

50毫升（1¾ 液量盎司）鲜柠檬汁

在一口大炖锅里加入250毫升（8½液量盎司）水，将其他材料倒入锅中，搅拌均匀。用中高火煮沸，然后把火调小，煮1小时。

把锅从火上移开，用手持搅拌器小心进行搅拌，直到果酱完全混合为止。把果酱倒入灭菌的玻璃罐或玻璃瓶中（详见本书第78页），密封好后放入冰箱中保存，最长可保存2个月。

澳大利亚坚果（MACADAMIA INTEGRIFOLIA, M. TETRAPHYLLA）

在布里斯班城市植物园（the City Botanic Gardens in Brisbane）里，生长着世界上第一批人工栽培的澳大利亚坚果。1857年，费迪南·冯·穆勒第一次记载了这种植物。次年，园长沃尔特·希尔（Walter Hill）在布里斯班城市植物园中种下了澳大利亚坚果，以墨尔本一位化学家约翰·马卡丹（John Macadam）的名字命名。尽管昆士兰东南部的原住民长期采食澳大利亚坚果，但直到1882年，夏威夷才开始商业化种植这种植物。1963年，澳大利亚也开始了大规模种植与生产。有一点需要注意，澳大利亚坚果的轮生叶序为3枚，而大规模种植品种——四叶澳大利亚坚果（Macadamia tetraphylla）的轮生叶序为4枚。

澳大利亚坚果也许是各类澳大利亚原生植物中出口最广、也是最为知名的，夏威夷、南非以及澳大利亚各地都有大量的澳大利亚坚果种植园。说到澳大利亚坚果，就必须要提笔者的一位朋友安德鲁·马克斯（Andrew Marks）了。笔者第一次在酿酒过程中接触到这种植物就是在他初创墨尔本金酒公司（the Melbourne Gin Company）的时候。在蒸馏中加入澳大利亚坚果，其作用类似于杏仁，能够给蒸馏液提供绵柔的口感和质地。不得不说，加入澳大利亚坚果之后的质感那可真叫绝！只要喝上一口墨尔本金酒公司的金酒，你就明白了。澳大利亚坚果还可以代替杏仁，用来调配杏仁鸡尾酒的主要辅料——杏仁糖浆。

澳大利亚坚果脆饼（MACADAMIA BRITTLE）

迈登尼品牌创立后，笔者与其合作调配出的第一款鸡尾酒是夏日葬礼（Summer's Funeral，详见本书第128页）。在金酒宫酒吧，我们用这种脆饼搭配夏日葬礼鸡尾酒，两者堪称绝配。不过它作为餐后甜点单独食用也很不错，或许还可以再来点甜甜的基安托（Chinato）葡萄酒搭配一下？

制作1.2~1.5千克（2磅10盎司~3磅5盎司）

150克（5½ 盎司）咸黄油，切成小块，额外再准备少许用来涂抹
300克（10½ 盎司）澳大利亚坚果，稍微切碎
1千克（2磅3盎司）超细砂糖
250毫升（8½ 液量盎司）迈登尼经典味美思
250毫升（8½ 液量盎司）浑浊苹果汁

在烤盘上抹上油，将切好的坚果铺在上面。

将超细砂糖、味美思和苹果汁倒入锅中，用中高火煮沸。煮15分钟，不要搅拌，直到糖全部溶解。用甜点刷把锅边的糖结晶刷到焦糖里。

当焦糖变成深金黄色后，迅速加入黄油，小心地将混合物浇在澳大利亚坚果上。在室温下静置3小时后再食用。

第二部分

品鉴的艺术

调酒术语（以及基本配方）

在这一章中，笔者希望能够让读者了解一些颇为神秘的调酒术语，学习一些基本的调酒配方和技巧，让你的调酒技术更上一层楼。

笔者也把自己的电子邮箱地址留在这里，如果你有什么不明白的地方，或者希望讨论和调酒有关的内容，欢迎致信：shaun@maidenii.com.au，笔者会非常乐意提供帮助的。

配方

每个调酒师都应该熟练掌握常用的鸡尾酒配方。本书中经常出现的配方包括以下几种，敬请读者朋友花些时间熟悉一下。

柠檬酸溶液

当笔者第一次开始制作鸡尾酒时，首先学到的就是调酒口味的三要素：甜、酸和苦。你需要仔细思考如何在三者之间取得一种微妙的平衡。一般来说，柠檬或青柠的果汁可以提供酸味，但要加入酸味也不一定只能靠新鲜柠檬。柠檬酸溶液就是一个很好的选择，它也是调酒行业中的常客。只需将柠檬酸与水简单混合即可配置这种溶液，在100毫升（3½ 液量盎司）水中加入20%的柠檬酸，即20克（3¾ 盎司）柠檬酸需要混合100毫升（3½ 液量盎司）水。类似的溶液还有酒石酸溶液和苹果酸溶液。

蜂蜜糖浆

蜂蜜品种不同，口味差异也很大。植物的生长地区和所属亚种都会影响到蜂蜜的口感与味道。一般来说，笔者会尽量把蜂蜜的优点与鸡尾酒的优点加以结合。口感浓郁的威士忌和阿玛罗酒适合搭配浓厚的蜂蜜，而清淡的金酒和柑橘类饮品则与温和的花香型蜂蜜相得益彰。在鸡尾酒中添加蜂蜜最好的方法是加入蜂蜜糖浆。蜂蜜糖浆的制作并不难，取等量蜂蜜和冷水混合成糖浆，充分摇匀之后就可以使用了。

盐水

如果一定要在调酒三要素里再加入一个新的要素的话，那绝对是咸味（盐）。

有一点很有意思：长期以来（直到最近），盐一直被大多数职业调酒师排除在外，但它却可以相当有效地调整鸡尾酒的口味，你说神奇不神奇？很多人下意识地认为，往饮品中加盐只会让饮品变得更咸。实际则不然，这也正是盐化腐朽为神奇的地方：加盐的饮料口感往往更柔和，果味也更饱满；而不加盐的饮料则会显得更加苦涩而厚重（intense）。每次遇到调出的鸡尾酒新品不尽如人意，笔者的朋友詹姆斯·康诺利（James Connolly）总会问："有没有试过多加点盐？"毫无疑问，大多数情况下加盐都能显著提升鸡尾酒的口感，所有喜欢混饮饮品的朋友也都应该了解一下盐的妙用。

配置盐水时，在100毫升（3½ 液量盎司）的水中加入20克的优质海盐片。平时将其在冰箱中保存，使用时将其一滴一滴地滴加到鸡尾酒中，直到味道恰到好处。

糖浆

糖浆是调酒行业里的常客，基本上每一本以调制鸡尾酒为主题的书都会提到这种辅料。糖浆一般使用等量的糖和水配置，但笔者（还有其他一些人）更喜欢以2份糖、1份水的比例调制。更偏爱这个比例主要有两个原因：第一，更多的糖能有效延长糖浆在冰箱中冷藏的保存时间；第二，你绝对不希望辛辛苦苦调成的鸡尾酒被额外的水稀释了，水只是作为糖和其他辅料的载体而已，一定是越少越好！

调制2:1糖浆的方法是：将2份糖和1份水混合，倒入锅中，用小火慢慢加热，直到糖完全溶解，然后再倒入塑料挤瓶中，放入冰箱中保存，最长可保存2周。

玻璃器皿

漂洗玻璃器皿

漂洗酒杯是为了给杯中的饮品额外增添一种芳香或者质感。嗅觉也是完整的鸡尾酒品鉴体验中的重要部分，而清洗就是融入嗅觉因素的绝好方法之一。一般常用苦艾酒和查尔特勒酒（Chartreuse）进行漂洗，因为这些酒的口味更浓郁，香气在酒杯中停留的时间也更长。

将5~10毫升（⅛~¼液量盎司）你选中的酒倒入杯中，搅拌均匀，使其覆盖杯内侧。在酒杯中填满冰块，把酒杯放到一边，开始调配鸡尾酒。调配完后，把酒杯中的酒水混合物倒掉，酒杯就已经漂洗完成（同时也冰镇好了），可以把调好的鸡尾酒倒进去了。

对玻璃瓶和玻璃罐进行消毒

本书中的许多配方都是教大家制作果汁甜酒、调味酒和其他饮品小食的，你可以把做好的饮品小食装在瓶子或罐子里储存起来，以备日后搭配其他鸡尾酒享用。而为了保持口感新鲜无污染，在装瓶装罐之前，需要对使用的玻璃瓶或玻璃罐进行必要的灭菌消毒。请拿掉瓶或罐的盖子，灌入热肥皂水，彻底清洗干净。将瓶口或罐口朝上放在烤盘上，置于烤箱中低温烘烤，直到完全干燥为止。盖子需要煮10分钟，然后放在干净的茶巾上晾干，直到完全干透为止。

选择适合你的酒杯

人是视觉动物，而酒的品鉴自然也少不了视觉元素，所以选择一款合适的酒杯就十分重要了。调制的饮品要和酒杯相称。例如，笔者更喜欢用高球杯来搭配金汤尼酒，因为高球杯容积足够大；可以装下所有辅料。饮品和外部空气的接触面积相对更小，还可以让饮品的冰镇效果保持的时间更长。此外，高球杯本身看起来也很精致美观。

酒杯术语一览表

请注意本书中出现的这些代表酒杯的符号。

这里，笔者仅为大家做一个粗略的指南并简要说明何种样式的酒杯更适合搭配何种饮品，但读者完全可以根据现有的酒杯和器皿进行大胆尝试。

苦艾酒专用杯（ABSINTHE GLASS）

一种带杯座和握柄的厚型玻璃酒杯，常用于盛装苦艾酒。

勃垦第杯（BURGUNDY GLASS）

一种球形玻璃酒杯，据说能够更好地凝聚勃垦第葡萄酒的酒香，容量较大。

鸡尾酒杯（COCKTAIL）

一种倒锥形（V形）的玻璃酒杯，也叫马天尼杯（Martini glass）。

柯林杯（COLLINS）

高球杯的一种，比普通高球杯尺寸更大。

库佩特杯（COUPETTE）

一种带握柄、杯身宽而浅的鸡尾酒杯。据传，库佩特杯的造型是根据玛丽·安托瓦内特王后的乳房形状塑造的。

高球杯

一种瘦长型的玻璃酒杯，尺寸不是很大。

冰镇薄荷酒杯（JULEP）

大部分是锡镴（pewter）制，极少数由纯银手工打造，堪称穷奢极欲！多用来盛放含碎冰的鸡尾酒，让鸡尾酒显得更加诱人。

尼克诺拉杯（NICK & NORA）

一种小型玻璃酒杯，和雪莉杯颇为相似。

古典鸡尾酒杯（OLD FASHIONED）

洛克杯的一种，比一般洛克杯尺寸更大。

洛克杯（ROCKS）

一种小而粗的玻璃酒杯，一般用来盛装威士忌和混合饮品。

小型葡萄酒杯（SMALL WINE GLASS）

一种多用途玻璃酒杯，不仅可以盛装红酒，用来盛装鸡尾酒也很合适。

茶杯（TEACUP）

不管用什么样式的茶杯，请一定放在茶碟上，要讲究最基本的礼数。

郁金香杯（TULIP）

一种精致的玻璃酒杯，杯身有着曼妙的弧度，是加强型葡萄酒和饮料的绝佳拍档。

合适的食物能提升饮品的风味

这也是侍酒师为不同菜品推荐不同品种葡萄酒的原因之一。食物和葡萄酒的搭配是很常见的，但酒和食物的搭配可不只限于葡萄酒。鸡尾酒和不同食物的搭配组合同样也可以是复杂而有趣的，笔者就非常喜欢用小食搭配鸡尾酒一同享用，结果就是腰围一路攀升。在这本书中，笔者把装饰食材和佐餐小食都包括在内，装饰食材用来装饰鸡尾酒，而佐餐小食则可以搭配鸡尾酒享用。这两样东西打开了饮品的新维度，同时也能提升鸡尾酒中辅料的风味。

“抽打”草本植物

“抽打”听起来着实有些刺激，但作为一个调酒师秘而不宣的小技巧，这种方法的确能够提升鸡尾酒的品质。通过“抽打”（或摩擦）草本植物，能够压碎植物细胞从而释放出香气。那气味和鸡尾酒的品质又有什么关系呢？详细解释起来可能有点复杂，简而言之，我们在喝鸡尾酒时，味觉系统（味蕾）和嗅觉系统（嗅觉）都会参与其中，两者是互相联系的。因此，嗅觉闻到的气味也影响着味觉尝到的味道，当我们举起酒杯，首先感受到的必然是这些辅料的气味。因此，明智地选择需要的草本植物，然后狠狠地抽打它们吧。

螺旋形柠檬皮

很多鸡尾酒都会用螺旋形柠檬皮作为装饰。在讨论“怎么做”之前，不妨先弄明白“为什么”：为何要把好端端的一整个柠檬拧得一塌糊涂，难道就只是为了得到螺旋状的柠檬皮？原因其实也很简单，螺旋形柠檬皮汇集了整个柠檬所有的味道和香气。柑橘油有着一种特殊而强烈的芬芳，只需很少一点就足以让人的感官产生共鸣。与其用柑橘皮摩擦酒杯的边缘，不如尝试在酒杯外侧和握柄上摩擦片刻。听起来很奇怪，但这样操作之后，客人闻到的便是一股柑橘的芬芳气息，而不是普普通通的廉价酒味。不信？试一下就知道了。

要制作螺旋形柠檬皮，最简单的方法是用削皮器将水果从上到下削皮。在酒杯上方挤压螺旋形果皮、拧出的果油自然滴入杯中，剩下的柠檬角可以置于酒杯边缘，也可以直接丢弃。虽然直接丢弃可能会让鸡尾酒显得光秃秃的、不太美观，但笔者还是更喜欢直接丢掉果皮，让鸡尾酒本身的味道来证明一切。

苹果迷

很多人肯定觉得，这年头还有喜欢在调酒时加水果的狂热粉吗？其实，水果也是鸡尾酒调配乐趣中很重要的一部分。笔者认为，要想调出更加专业的鸡尾酒，最简单的方法就是加水果。可以加的水果种类很多，苹果、梨、桃和油桃都可以，而且不管用什么水果，最后的效果总是很棒的。

第一种方法简单有效：把苹果切开，切成3片厚1厘米的苹果片。然后将苹果皮呈扇形摆在鸡尾酒杯里。笔者在金酒宫酒吧的老东家本·鲁兹（Ben Luzz）喜欢用另一种方法：切一个苹果角，在两端各切一个深约1厘米的菱形，然后从两边向中间切，使两边的切口在离底部约1厘米处相接。如果成功的话，一个菱形苹果角就切好了，如此不断反复，看看你最多能切出多少个苹果角。

柑橘火焰

制作柑橘类饰物充其量只是个开始，更高级的手法是把它们点燃。听上去像是炫技浮夸之举？但这么做确实能让饮品的风味更好、更独特。2000年初，笔者在夜店工作时第一次了解到这种醒目的饰物，那阵子流行的还是大都会鸡尾酒。

想做柑橘火焰一点也不难，只需准备一片螺旋形柠檬皮（详见前一部分），挤掉柠檬油之后，在螺旋形柠檬皮和鸡尾酒之间点火就可以了。当然，这样看上去确实是华而不实，很多人坚称这样做只会给鸡尾酒增加一种焦煳的柑橘味，但在笔者个人看来，柑橘火焰更多的是给鸡尾酒增添视觉上的享受。

点火毫无疑问能增加戏剧性，酒杯上跃动的火苗绝对会让任何喝过这种鸡尾酒的人终生难忘。

吸管

当然，严格来说吸管还算不上是饰物，但一杯优质的鸡尾酒怎么也少不了合适的吸管。

让人高兴的是，越来越多的调酒师也开始关注吸管的选择了。许多鸡尾酒都会用到吸管，但廉价的塑料吸管并不能突出鸡尾酒的品质，还可能直接拉低了品鉴的体验。金属吸管是一个不错的选择，现在很多酒吧都在用。金属吸管可循环使用，金属材质还可以更好地传导饮品冰镇的效果，且外观上也比塑料吸管好了很多。此外，和其他饰物一起使用时，金属吸管也能更好地传递鸡尾酒的香气，大大提升了你的品鉴体验。笔者认为，金属吸管用在一部分鸡尾酒中是很好的配角，但也不是所有鸡尾酒都适合，这就需要你仔细斟酌了。

冰是鸡尾酒中极易被忽视的一种辅料。笔者一开始学习调酒的时候只知道两种冰：碎冰和冰块。随着时间的推移，科技不断发展，新款制冰机可以轻松生产出体积更大、质地更纯净的冰块。

酒吧开始争相吹嘘起自家所用冰块的质量有多好，用更大的冰格配上高级威士忌出售给酒客。笔者甚至听说，有一家酒吧宣称自家用的冰来自南极洲，是世界上最纯净的冰块。这就有点过头了，但关心冰块质量终归还是好事，至少给了酒客以更多、更丰富的选择余地。

选择合适的冰块有两个重要作用：冰镇和稀释。冰镇可以软化比较刺鼻的味道，让饮品的口感更趋于圆润；稀释则通过加入少量的水，让饮品的香气进一步发散开来。温度对甜味是有直接影响的，饮品（特别是味美思）在冰镇之后，调配出的鸡尾酒中甜味的感觉就会减弱。其中复杂的科学原理笔者也不甚清楚，但这样的机制确实是存在的。

制作不同种类的冰块没有想象的那么难。在一个大的塑料容器里装满水，冷冻一夜，之后取出整块冰，放在干净的茶巾上待其略微融化，再用一把锋利的小刀，根据想要的形状雕刻就可以了，就像切削木材一样。如果有特制的冰格就更简单了，冰格可以将冰块直接冻成所需的形状。现在，你可以买到使用定向结晶技术的冰格，可以制作出更加晶莹剔透的冰块，如果需要，还可以买到专门的日式冰锯来切割。如果你和笔者一样，也喜欢这类冰雕艺术，那不妨去YouTube上看看日本的冰雕吧，相信你一定会喜欢的。

冰镇

终于，你调好了完美的鸡尾酒、找到了合适的酒杯，也学会了像真正的调酒专家一样摇酒和搅拌。接下来还差什么呢？你可能会想，是不是可以把调好的酒倒进酒杯了？千万千万别着急！你花了这么大的力气把鸡尾酒调到了一个特定的温度，可一定不要直接倒进处于室温，甚至还略带温热的酒杯中。这样做好比千辛万苦调好了意式肉酱（Bolognese），却拿煮得烂糊糊的意面来搭配一样，真的大煞风景。

如果想用冰块调制冰镇饮品，在开始准备之前，一定要先把杯子冰镇一下。做法很简单：只需在杯子里装满冰块，然后搁在一边，你继续调配鸡尾酒就可以了。在倒入饮品之前，将冰块丢弃。如果是热饮，也需要先预热一下杯子，具体过程和冰镇差不多，只需要把冰块换成热水就可以了。

在本书中，我们推荐使用以下几种冰：

冰块

冰块托盘或制冰机制成的普通冰块，大小以边长2~3厘米（¾~¼ 英寸）为宜。

碎冰

使用擀面杖或者碎冰机制作都可以，不需要太大力气就可以轻松打碎。

岩石冰块

体积很大的一种块状冰，一块差不多就可以填满一个古典鸡尾酒杯或者洛克杯。

长矛冰块

一种瘦长型的块状冰，一般搭配高球杯或柯林杯使用。

大冰块

一种体积非常大的冰块，一般搭配潘趣酒碗和其他大型酒具使用。

不知不觉间，我们已经学了这么多内容，还有以下一些常用调酒小知识：

果汁

作为本书的原则之一，本书绝大多数配方中提到的果汁都专指鲜榨果汁。笔者很少坚决反对什么事物，而经过巴氏杀菌、防腐处理、额外加入超多甜味几乎可以齁死人的加工果汁绝对是其中之一。这类果汁本身没什么问题，但混合在鸡尾酒中根本起不到作用。鲜榨果汁和加工果汁之间的差距就像阿斯顿马丁DB9和奔驰Smart一样，堪称天壤之别。奔驰Smart也能开，但开起来之后的颠簸程度就不是你能想象得了的，加工果汁同理。和加工果汁相比，鲜榨果汁的成本要高一些，但它的味道和新鲜度绝对要比加工过的要高出1倍，甚至2倍。请务必坚持使用当季水果，同时在鸡尾酒中尽情尝试各种柑橘类水果。

果酱

想要把大量水果（尤其是浆果）融入鸡尾酒里，最合适的方法莫过于制作果酱。方法很简单：只需把水果放在食品加工机里进行搅拌，然后将果泥通过细筛子过滤，倒入塑料挤瓶中就可以了，在冰箱中冷藏最长可以保存1周。如果愿意额外加入少量糖或伏特加，保存时间会更长。但就像其他辅料一样，新鲜的果酱还是最好的。把适量果酱倒入饮品中，可以打造出一种“浮动”的感觉，所增加的视觉和嗅觉效果相当惊人，只要鼻子稍稍靠近一点，就会立刻感受到一股独特的果香，让人食指大动。

蛋类

许多鸡尾酒都要用到鸡蛋，有的只需要蛋清，有的则用上了整个鸡蛋。蛋类可以乳化饮品、将柑橘和酒混合，调出的鸡尾酒有着丝绸般光亮的质感。蛋黄让饮品更加丰富浓郁，而蛋清带来的口感提升甚至让巧克力帕夫洛娃蛋糕（chocolate pavlova）都相形见绌。如果需要在鸡尾酒中加入鸡蛋，请一定要选择能找最好的有机土鸡蛋。此外，一定要选择特别新鲜的鸡蛋，而且一定要尽快使用，否则调出的鸡尾酒里就会有明显的鸡蛋味。最后，如果你因为某些原因不能或不愿食用蛋类制品，那么也有一些好用的替代品可供选择，包括一种名为英斯塔奶泡（Insta Foam）的产品。这是一种专为素食主义者准备的乳化剂。

过滤

滤酒是调酒中必不可少的环节。大多数调酒师都会用霍桑滤冰器（Hawthorn strainer）滤去酒中的冰块。用调酒杯或鸡尾酒摇杯摇匀后，下一步就是把饮品倒入精心准备的酒杯中了，而滤冰器的作用就是挡住冰块，避免其一同倒入杯中。滤网的弹簧能够防止体积较小的冰块或者碎冰穿过，在笔者看来，这一点真的非常重要。以笔者最喜欢的马天尼鸡尾酒为例，一杯精心调制的马天尼应当给人一种感官上的极致体验，是诱人香气与完美无瑕的调酒技术的结合。此时，杯中只要出现一小块碎冰，就能毁掉整杯酒的品鉴体验。所以，只要条件允许，请务必使用霍桑滤冰器。为了以防万一，还可以先用霍桑滤冰器过滤，再用茶滤网二次过滤，这样能滤去任何细小的冰块残渣。

品牌

翻开一本调配鸡尾酒的书，你找到了一个觉得不错的配方，要求使用金酒。问题就来了：该选哪个品牌呢？各家标签上都写着“金酒”，不同品牌的金酒之间又有什么区别呢？品牌的选择上当然没什么硬性要求，但不同品牌金酒所含的植物成分不同。笔者想说的是，品质最好的金酒价格一般也不会太昂贵。作为市面上颇好的金酒之一，必富达金酒的价格其实就很便宜，而且深受大部分调酒师的认可。

以上这条原则同样适用于选择其他蒸馏酒和酒精饮品。在本书中，我们推荐了最适合调配鸡尾酒和制作其他辅料的品种和品牌。如果我们认为某配方中应使用某品牌的酒，就会明确写出来。其他情况下，如果你找不到什么顶级佳酿，也别灰心，手边有什么酒，都可以拿来用。

遗憾的是，我们无法穷尽一切可能，在调配鸡尾酒时尝试到各个品牌的全部品种，所以读者朋友完全有可能发现更好的组合。而如果你找到了，请务必要和笔者联系！这样笔者就有机会为撰写下一本书而亲身试验一下了。

纯饮须知

味美思种类繁多，
从极干型到极甜型都有。

品鉴味美思的诸多方法中，冰镇后不加冰纯饮就是一种很好的方法。

纯饮的理由

笔者刚开始酿造味美思时，参考的并非加香型葡萄酒，而是雪莉酒。纯饮是品鉴味美思的主要方法，笔者自己也经常这样喝。与西班牙赫雷斯地区的雪莉酒相似，味美思冰镇饮用风味最佳，所以一定要冷藏保存。和其他葡萄酒一样，味美思的风味会随着温度的改变而变，较低的温度会降低人对甜味的感知，而对酸度和单宁（苦味）的感知则会相应增加。在适当的温度下，不加冰纯饮的味美思是一种很好的开胃酒，配什么菜都很合适。本书中就有不少这样的搭配指南。

纯饮味美思的另一个原因是为了更好地体验植物成分的独特香气。与葡萄酒类似，味美思在倒入酒杯之后也会发生变化。刚刚倒入杯中时，闻到的是一种香气。醒酒后，香气特征又会发生明显变化并散发出与之前完全不同的芬芳。想要完整体验这浓郁的香气盛宴，唯一的方法就是精心选好酒杯，然后倒入纯净的味美思。

▽ 近些年来，作为一种开胃酒，纯饮味美思已然是卷土重来了。
——安迪·格里菲斯（ANDY GRIFFITHS）

酒杯的选择

因为味美思特有的香气和较高的酒精度数，选择一只阔口酒杯会比较合适。笔者比较喜欢郁金香形的阔口杯，不过普通的平底玻璃杯也完全没问题，西班牙人就是这样饮用味美思的。

如今，针对不同风格和品类的葡萄酒，玻璃酒杯制造商制造出了专门的葡萄酒杯，如雷司令杯、勃艮第杯等。但到目前为止，专门为品鉴味美思打造的酒杯只有一种。这是一种阔口带握柄的玻璃酒杯，与玻璃水杯有几分相似。

是带握柄的酒杯好，还是不带握柄的更合适？这个问题其实很有意思。作为鸡尾酒中的常客，许多种鸡尾酒杯都可以用来盛装味美思，比如：盛装马天尼的带握柄倒锥形（V型）杯、盛装内格罗尼鸡尾酒的古典鸡尾酒杯、盛装金汤尼的烟囱形酒杯等。选择带握柄的杯子能更好地保持杯中饮品的凉爽，而没有握柄的杯子很容易受到手部温度的影响，需要额外加冰保温。

20世纪80年代之前，人们习惯用非常小的酒杯盛装利口酒、甜酒和加香型葡萄酒。从那时起，人们就像故意和澳大利亚的酒类服务资格（Responsible Service of Alcohol）[①]的建议对着干一样，酒杯的尺寸越来越大。在盛装葡萄酒和味美思时，大号的酒杯能更好地突出饮品的香气。相比装满的小酒杯，大酒杯中盛装的少量葡萄酒更容易让人闻到酒香。此外，酒杯的形状和大小固然重要，但制作酒杯所用的玻璃或水晶也不容忽视，原料的精细度越高，酒的口感也就越好。

纯饮的时机

根据亚当·福特所著《味美思》（*Vermouth*）一书，第二次世界大战后，美国人开始消费度数更高的酒精饮料，纯饮味美思也逐渐让位于味美思鸡尾酒，味美思的用量越来越少，销量开始下降，并被酒度更高的烈性酒所取代。

因为含糖量较少，干型味美思很适合作为开胃酒。格奈酒庄经典干型（Castagna Classic dry）和伯沙撒干型（Belsazar dry）两款都是这一类味美思的突出代表，非常适合直接饮用。

在意大利的餐前开胃酒时间中搭配简单的佐餐品，味美思才真正开始鲜活起来。身为酒类经销商的马克·雷吉纳托（Mark Reginato）认为，搭配餐品可以提升味美思的质感：“迈登尼未过滤的味美思托尼克（La Tonique，一款奎宁风味味美思），配上丝滑的凤尾鱼、咸咸的海参和爽脆的面包片，味美思的干爽、草本香气，还有略带苦涩的味道都被烘托得非常完美。”

①酒类服务资格：澳大利亚法律规定，在提供酒精类饮品的场所工作，必须完成Responsible Service of Alcohol（RSA）课程并且持有RSA证书。

搭配头盘

经营班克斯酒吧（Banksii，澳大利亚第一家味美思主题酒吧）的夫妻搭档也是味美思佐餐的忠实粉丝，夫妻俩联手设计了一道以贻贝为原料的美味头盘，特别适于与干型味美思一起享用。

班克斯独家绿橄榄味美思贻贝配荨麻黄油

250克（9盎司）樱桃番茄（圣女果）

1汤匙橄榄油，再额外准备一些用来淋在菜肴上

100克（3½ 盎司）大葱，切碎

1千克（2磅3盎司）新鲜贻贝，刷洗干净、去掉足丝

150毫升（5液量盎司）迈登尼干型味美思

150克（5½ 盎司）绿橄榄，洗净择好的豆瓣菜

海盐和新鲜的现磨黑胡椒粉

荨麻黄油

30毫升（1液量盎司）橄榄油

200克（7盎司）新鲜荨麻，稍微切碎

200克（7盎司）黄油

首先制作荨麻黄油：在煎锅中加入橄榄油，用中火加热，将荨麻翻炒2~3分钟，等荨麻稍微变软后装盘，置于冰箱中冷藏，等待完全冷却。

将黄油和完全冷却后的荨麻放入食品加工机中混合搅拌，待搅拌均匀后，将荨麻黄油放进冰箱冷藏待用。

将烤箱预热至200℃。

将樱桃番茄放在烤盘上，淋上橄榄油，加入盐和胡椒粉调味，放入烤箱中烤10分钟，或者烤到樱桃番茄的果皮起泡为止，从烤箱中取出，放在一旁待用。

在锅中加入橄榄油，用中火加热，放入葱花翻炒1分钟。加入贻贝和味美思，盖上锅盖，小火炖2~3分钟，或者炖到贻贝开口为止。结束炖煮后，将仍未开口的贻贝丢弃，把煮好的贻贝盛出，放在一旁待用。

将炖煮贻贝的汤汁烧开，加入橄榄，然后一勺一勺地加入荨麻黄油，慢慢搅拌，直到全部融化为止。加入樱桃番茄，再次把贻贝倒入锅中，稍做搅拌就可以出锅了，装盘后即刻撒上豆瓣菜作为点缀。

味美思搭配推荐：瑞贝卡（Rebecca）推荐搭配雷文沃斯苦味奎宁水（Ravensworth Outlandish Claims bitter tonic）、开普里提（Caperitif）味美思或诺瓦丽·普拉干型味美思（Noilly Pratt dry vermouth）享用，风味更佳。

搭配晚餐

安德列亚斯·帕帕德卡斯（Andreas Papadakis）是墨尔本提伯餐厅（Tipo 00，一家当地非常有名的餐厅）的主厨，他推荐在鳟鱼橙子这道夏日佳肴中加入味美思。

提伯独家血橙味美思腌制彩虹鳟鱼

4片虹鳟鱼片，去皮、去骨，约500克
烟米和芝麻菜花少许，作为点缀

腌制料

25克（1盎司）海盐
2个血橙，去皮，切片
30毫升（1液量盎司）味美思

调味料

250毫升（8½ 液量盎司）鲜榨血橙汁
75毫升（2½ 液量盎司）植物油
25毫升（¾ 液量盎司）橄榄油
15毫升（½ 液量盎司）苦艾酒

腌制时，将海盐、橙汁和味美思混合在碗中。将鳟鱼片放入碗中，置于冰箱中腌制，时长30分钟至2小时（时间越长，腌制效果越好）。将腌制好的鱼片洗净，用纸巾吸干水分。

将血橙汁放入小锅中用中高火熬煮，直到汁液收到约60毫升（2液量盎司）时，关火倒入小碗中，等待冷却。加入橄榄油之后搅拌，再加入味美思之后搅拌，放在一边待用。

将鳟鱼切成约5毫米厚的鱼片，分装4盘。淋上调味料，撒上新鲜的橙子片、烟米和芝麻菜花作为装饰即可。

小贴士： 将鱼肉放在冰箱中腌制至少2小时，能让腌制更入味，口感更好。

作为提伯餐厅的侍酒师，劳尔·莫雷诺·亚格（Raul Moreno Yague）推荐赫雷斯出产的卢世涛罗娇味美思（Lustau vermut rojo）来搭配这道彩虹鳟鱼。

“我选择卢世涛这个品牌的味美思有几个理由：首先是风格上的，该品牌继承了西班牙味美思的精髓，相比其他味美思会更甜一些；其次，卢世涛味美思也体现了雪莉酒的部分特征，其坚果味、咸味和梅子香，都让人联想到阿蒙提拉多（Amontillado，一种西班牙白葡萄酒和佩德罗·希梅内斯葡萄；最后，该品牌味美思中加入的植物原料并不算多，只有十余种，包括橘皮、艾草、鼠尾草、芫荽等植物，每一种植物的香味都很明显。这种味美思偏甜的口感非常吸引人，刚入口是感觉是甜而松散的，然而，一旦味蕾上开始感受到淡淡的苦味，你就会逐渐感受到植物成分的独特香味。卢世涛味美思堪称西班牙红味美思中的经典之作，有着天鹅绒般顺滑的口感和复杂的香气，特别适合单独饮用、慢慢品鉴。”

“对我这个西班牙人来说，味美思总会让我想起某时、某地和一群朋友。西班牙南部地区和北部地区有时差，但一般都在下午1:00到1:30之间，朋友或家人会在午餐前聚在一起，喝上几杯味美思开胃。”

佐餐时，纯饮味美思最适合搭配浓郁芳香的菜肴，给菜肴带来其独特的植物香气。悉尼著名中餐厅比利王（Billy Kwong）的创始人凯莉·王（Kylie Kwong），为我们提供了一道独家味美思佳肴的配方：柑橘酱脆皮鸭，再配上比利王餐厅的职业酒类采购员索菲·奥顿（Sophie Otton）精心遴选的味美思。

凯莉·王秘制柑橘酱脆皮鸭

1只约1.5千克（3磅5盎司）的散养鸭
2汤匙四川椒盐
35克（1¼ 盎司）普通面粉
红花油或葵花籽油，用于炸制

柑橘酱

220克（8盎司）红糖
250毫升（8½ 液量盎司）水
80毫升（2½ 液量盎司）鱼露
6颗八角
2根肉桂棒
3个柠檬榨出的果汁
1个橙子，去皮，横切成片

用冷水把鸭子冲洗干净。去掉鸭子体内和体外多余的脂肪，剪掉鸭脖、尾羽和翼梢。用纸巾吸干，在鸭皮上抹上四川椒盐，置于带盖的容器中。盖上盖子，放入冰箱腌制一夜。

将腌制好的鸭子放入蒸笼中。将蒸笼放在深汤锅中的沸水上，盖好盖子，蒸约1小时15分钟，或者等到鸭子熟透即可（把刀插入鸭腿和鸭胸之间部位，如果流出的肉汁是清澈的，鸭子就熟透了）。把鸭子从蒸笼中取出，鸭胸朝上放在烤盘上并沥干水分。将鸭胸放在一边，等温度稍稍下降之后，放入冰箱冷藏室进一步冷却。

等待鸭子蒸好的同时可以制作柑橘酱。将红糖与250毫升（8½液量盎司）的水一起放入小锅中煮沸。之后调成小火，炖煮约7分钟，偶尔搅拌一下，直到糖水体积略有减少为止。

加入鱼露和其他香料，再煮1分钟。倒入柠檬汁和橙子片，就可以出锅了。

将冷却后的鸭胸朝上放在砧板上，用大刀或切肉刀从胸骨和背骨处把鸭子切成两半。小心地把鸭肉从鸭身上分离下来，保持鸭腿和鸭翅完整。因为已经完全煮熟，鸭肉应该很容易就能分离下来。将切成两半的鸭子放入面粉中，轻轻蘸上面粉，抖掉多余的面粉。

把油倒入炒锅里预热，将油烧至表面微微发亮。将半只鸭子放入锅中炸熟，炸约3分钟时间，炸好半只之后再炸另外半只。翻面一次，直到鸭肉变黄、变脆。小心地把鸭子从锅中取出，用纸巾沥干油分，然后放在温暖的地方静置5分钟，此时你可以把柑橘酱重新加热一下。

最后，用锋利的刀将鸭子切块、摆盘。用勺子浇上热腾腾的柑橘酱，就可以上桌了。

味美思搭配推荐：索菲推荐搭配迈登尼19号植物味美思（Maidenii19 Botanicals）、高尔夫老藤味美思（Golfo tinto oldvine）、瑞高酒庄奢华红味美思（Regal Rogue Bold red）享用。

搭配奶酪

味美思搭配奶酪也很合适。在盎格鲁-撒克逊文化传统里，奶酪和加强型葡萄酒的搭配可谓历史悠久，波特酒（Port）配斯蒂尔顿干酪（Stilton）、阿蒙提拉多配曼彻格奶酪（Manchego viejo）都是堪称经典的黄金组合。伦敦泰勒文（Taillevent）酒吧的总经理尼古拉·穆纳里（Nicola Munari）来自意大利皮埃蒙特，按照意大利的习俗，他选用味美思代替波特酒来搭配斯蒂尔顿干酪，以中和后者的咸味。

“用波特酒或金酒搭配斯蒂尔顿干酪简单又有效，是很保险的选择。而使用意大利味美思来搭配干酪似乎会冒险一些，但实际效果非常之好，能够让味美思和干酪都更加诱人。

味美思配干酪带来了一种全新的味觉体验，结合了温和的甜味、多汁的果香、令人无法抗拒的辛辣感，香味全方位提升，从而烘托出斯蒂尔顿干酪的奶油和霉菌的气味。味美思让味蕾重新焕发了活力，让人可以自由选择餐后酒或鸡尾酒来收尾，更加自在从容地结束这一顿丰盛的晚餐。”

味美思搭配推荐：尼古拉推荐迈登尼甜味美思（Maidenii sweet）、曼奇诺红味美思（Mancino rosso amaranto），以及柯奇斯多里克都灵味美思（Cocchi Storico di Torino）搭配干酪享用。

搭配甜品

味美思与甜品搭配是最合适的。味美思的主要风味包含焦糖、香草、水果和薄荷风味，可以与多种甜品灵活搭配。本·谢里（Ben Shewry）是墨尔本阿提卡餐厅的主厨，接下来他会展示味美思和甜品是多么百搭。

本·谢里的梨子配味美思甜品

新鲜迷迭香花瓣，用作点缀

迈登尼雪芭

4升（135液量盎司）鲜牛奶
3克（⅛盎司）凝乳酶粉末
300克（10½盎司）糖
200克（7盎司）转化糖浆
500克（1磅2盎司）酸羊奶
迈登尼经典味美思，用于调味

首先制作鲜奶酪：将鲜牛奶加热到30℃，加入凝乳酶粉末。让牛奶在室温下静置12小时。在容器上覆盖薄纱布（粗棉布），倒入牛奶并滤去乳清，再次放入冰箱中12小时，使其进一步凝固。这样可以制作出500克（1磅2盎司）的鲜奶酪，还可以得到200克（7盎司）滤出的乳清。

做好奶酪之后，接下来就可以制作雪芭了。将乳清（将制成的鲜奶酪悬挂起来、收集滤出的乳清）、糖和转化糖浆混合在一个锅中，加热至糖溶解。将鲜奶酪和酸羊奶倒入碗中进行搅拌，直到搅拌均匀为止，加入糖和乳清的混合物。等到两者完美融合之后，根据个人喜好，加入适量的味美思进行调味。最后倒入带盖的金属罐中冷冻，冻好之后就可以食用了。

果香梨球

1个澳大利亚黄油博斯克梨
750克（1磅11盎司）超细砂糖
80克（2¾盎司）水果香料
35克（1¼盎司）柠檬酸
6克（⅛盎司）细海盐

预热烤箱至220℃。把梨削皮，用一个小号的西瓜挖球器挖出12个梨球。

将细砂糖、水果香料、柠檬酸和细海盐混合在一起，然后在梨球上撒上香料混合物，在烤箱中烤1~2分钟，或者等到梨球变成焦糖色就可以关火了。

脱水梨皮

690克（1½磅）超细砂糖
500毫升（17液量盎司）水
250毫升（8½液量盎司）甜苹果醋，煮沸后冷却待用
1个梨的皮，使用蔬菜刀剥皮

将超细砂糖、500毫升（17液量盎司）水和甜苹果醋混合在一起，将梨皮浸入混合液中。取出梨皮，放在烤盘上一夜，等待脱水。第二天，梨皮呈波浪状且口感变得很脆。

梨醋

950克（2磅2盎司）棕梨，去皮切碎
830克（1磅13盎司）甜苹果醋
200克（7盎司）超细砂糖

把切好的梨和甜苹果醋混合在一起，装入袋中浸泡。整袋置于50℃的水中水浴1小时。然后将其转移到冰箱中浸泡一夜。用一块薄纱布（粗棉布）过滤，然后倒入锅中，加入超细砂糖，在炉子上稍稍加热，直到糖溶解、混合物体积略有减少。用几滴梨醋和少许迷迭香花瓣可以很好地点缀以上几种甜品。

味美思搭配推荐：简·洛佩斯（Jane Lopes）推荐搭配莫罗维佳诺味美思、奥托雅典味美思（Otto's Athens），以及玛戈特低糖味美思（Margot's Off-sweet）享用。

英德拉·卡里略（Indra Carrillo）独家西瓜甜品配味美思

作为一名主厨和伯爵夫人餐馆（La Condesa）的创始人，卡里略制作的西瓜甜品、木槿雪芭、石榴番茄蜜饯都配有味美思酒冻和烟熏墨西哥梅斯卡尔盐。

味美思搭配推荐：亚历山大·让推荐搭配迈登尼经典味美思和法国园林红美味思享用。

世界各地的纯饮味美思

世界上公认最喜欢纯饮味美思的当属西班牙人。除了啤酒，几乎所有的西班牙酒吧都会提供瓶装或者酒罐装的味美思，当地人称为“房屋味美思”(vermut della casa，or‘house vermouth’)。装在酒桶或者酒罐中、通过龙头倒出的味美思，当地人称为“龙头味美思”(vermut de grifo)，这类味美思一般都很便宜。当地的瓶装味美思一般口味偏甜，酒体颜色呈深色，使用的植物成分并不太多。意大利人也会在开胃酒仪式上畅饮味美思，一般会加冰并用螺旋形柠檬皮做点缀。

目前，最流行的享用味美思的方式就是纯饮，很多酒吧和高级餐厅都会提供纯饮味美思。

笔者喜欢把味美思当作餐后酒来享用，在一个温暖的夏日夜晚，和一支上等的雪茄一起品鉴，岂不美哉？在这种组合里，阿玛罗或中等干型的味美思都是很不错的选择。

味美思的保存

作为一种加强型葡萄酒，味美思比一般的葡萄酒更稳定，在冰箱中冷藏储存时尤其如此。开瓶后，味美思不会发生什么剧烈的变化，但还是不可避免地会逐渐失去新鲜度和浓郁感。如果只想喝一点尝尝鲜，不需要长期储存，散装购买会更合适。

因为本质上味美思还是葡萄酒的一种，所以味美思也可以进行窖藏陈化。窖藏味美思的瓶盖一般都是螺旋盖，有利于长期储存与陈化。相比于软木塞，螺旋盖可以让陈化过程更加缓慢而平稳。水平放置螺旋盖封装的酒是常见做法，因为这样还可以检查密封是否严实。

一般而言，味美思不像某些葡萄酒那样昂贵，但世界上有史以来最贵的一杯鸡尾酒中就有味美思。这杯创下吉尼斯世界纪录的鸡尾酒由知名调酒师萨尔瓦托·卡拉布雷斯（Salvatore Calabrese）亲手调制。2012年10月，卡拉布雷斯在伦敦花花花公子俱乐部（The Playboy Club in London）调出了这杯绝无仅有的鸡尾酒，标出了6700澳元（约合人民币31000元）的天价。这杯鸡尾酒的用料堪称极致，包括1778年的格里菲庄园稀世干邑（Clos de Griffier Vieux cognac)、1770年的莳萝利口酒（Kummel liqueur)、1860年的达布橙味利口酒(Dubb Orange Curaçao）和一小瓶19世纪的安高天娜比特酒（Angostura bitters)。这杯鸡尾酒也可以算是世界上最老的鸡尾酒了，所有这些陈酿的年份加起来足足有730年。

▽ 就像调香师一样，味美思调酒师不遗余力地尝试各种植物提取物的微妙组合。

春日盎然

春天是万物复苏的季节，在熬过漫长的冬天后，春日里的第一缕暖阳总是值得庆祝的。

春天，樱桃上市了，尤以暮春时节的樱桃最为美味。草莓也开始上市。笔者也可以在饮品中加入最喜欢的新鲜豌豆了。适合春天饮用的鸡尾酒以清淡的味道和新鲜的口味为主，此外还有一些凉爽的晚间饮品。

春天是味美思行业忙碌的季节，我们忙着收集和浸泡各种植物原料，包括新鲜的和干燥处理过的原料，一直要从初春忙到暮春。每年春天，我们还要规划来年的产量，通过走访维多利亚州中部的葡萄园，了解各个葡萄园的具体状况，同时与葡萄种植者共同协商来年的葡萄种植计划。

冰镇旱金莲鸡尾酒

（参考第99页的插图）

这款鸡尾酒的灵感来源于冰镇苦艾酒（Absinthe Frappé）——一款由苦艾酒、薄荷、糖和苏打水（气泡水）调配而成的鸡尾酒，是新奥尔良地区的传统饮品。阿布森特（Absentroux）也生产苦艾酒，该品牌生产的味美思往往有着相当浓厚的苦艾风味。

45毫升（1½ 液量盎司）阿布森特味美思
15毫升（½ 液量盎司）旱金莲叶苦艾酒（详见下文）
8片薄荷叶
冰块，摇酒时使用
碎冰，饮用前加入
新鲜的旱金莲花和薄荷枝，作为点缀

旱金莲叶苦艾酒（调配200毫升/7液量盎司）

20克（¾ 盎司）新鲜旱金莲叶
200毫升（7液量盎司）苦艾酒

盛一小锅水，把水烧开，放入旱金莲叶，焯水30秒。将叶子放入冰水中。

从冰水中取出叶子，再次沥干，放入杵臼中捣成糊状。加入苦艾酒，浸泡2小时。用一块薄纱布过滤，倒入壶中。倒入灭菌的玻璃瓶中密封好，放入冰箱中保存。将所有材料加入鸡尾酒摇酒器中，加入冰块，剧烈摇晃10秒，过滤后倒入装有碎冰的苦艾酒杯中，用旱金莲花和薄荷枝稍做点缀。

粉桃鸡尾酒

沙漠甜桃（Quandong）是澳大利亚原生的一种桃。新鲜的沙漠甜桃很少见，而甜桃干相对常见一些，可以在outbackchef.com.au上直接购买，它很适合用来制作这款苦味鸡尾酒糖浆。这款玫瑰味美思的多汁浆果风味和沙漠甜桃搭配得恰到好处。

60毫升（2液量盎司）阿德莱德山酒庄玫瑰味美思（Adelaide Hills Distillery rosé vermouth）
30毫升（1液量盎司）沙漠甜桃糖浆（详见下文）
90毫升（3液量盎司）姜汁啤酒

300毫升（10液量盎司）水
冰块，饮用前加入
青柠角和沙漠甜桃蜜饯（详见下文），作为点缀

沙漠甜桃糖浆和蜜饯（制作约350毫升/12液量盎司）

50克（1¾ 盎司）沙漠甜桃干
300克（10½盎司）超细砂糖
25毫升（¾ 液量盎司）苹果醋

将所有材料与300毫升（10液量盎司）的水一起倒入锅中，煮沸，转小火煮30分钟。通过细筛过滤后倒入壶中，把腌制的桃干置于一边待用。将过滤后的甜桃糖浆倒入灭菌的玻璃瓶中，密封好并放入冰箱中保存，最长可以保存1周。

把腌制的桃干放入食品脱水机中干燥2小时。

将味美思和沙漠甜桃糖浆倒入冰镇的柯林杯中，再轻轻地倒入姜汁啤酒，小心地放入冰块，用青柠角和甜桃蜜饯稍做装饰，粉桃鸡尾酒就调好了。

绿林春意

（参考第101页的插图）

笔者可以说是吃着大黄长大的。小时候，母亲总会把大黄炖熟了，然后放在冰激凌里。因此，大黄的味道总能让笔者回想起童年时光。也是在小时候的一次森林露营活动里，笔者第一次喝到了沙士（Sarsaparilla）汽水饮料。而赎金品牌的甜味美思就把这两种风味巧妙地结合了起来，每次喝到这种味美思，笔者都会想到沙士汽水和母亲炖的大黄。

60毫升（2液量盎司）赎金甜味美思（Ransom sweet vermouth）
60毫升（2液量盎司）沙士饮料
冰块，饮用前加入
50毫升（1¾ 液量盎司）大黄奶泡（详见下文），用作点缀

大黄奶泡（制作约400毫升/13½ 液量盎司）

200克（7盎司）大黄茎，稍微切碎
350克（12½盎司）超细砂糖
2厘米（¾ 英寸）长的香草荚，取出种子待用
10克（¼ 盎司）柠檬酸
2个蛋清
650毫升（22液量盎司）水

首先制作大黄奶泡：将大黄茎、超细砂糖、香草荚和香草籽与650毫升（22液量盎司）的水一起倒入锅中。煮至沸腾，再转小火煮30分钟。

将液体通过细筛过滤后倒入碗中，加入柠檬酸，搅拌溶解。放在一边等待完全冷却。冷却后，将800毫升（27液量盎司）的大黄糖浆与奶油虹吸器中的蛋清混合在一起，然后用力搅拌。如果没有虹吸器，只需将糖浆与蛋清一起搅拌，直到奶泡足够轻盈浓郁，漂浮在糖浆上即可。

将味美思倒入冰镇的洛克杯中，轻轻地倒入沙士汽水，小心地加入冰块，避免饮料跑气。最后倒入大黄奶泡。

豌豆马天尼

新鲜的豌豆最能体现春天的气息。虽然它不常见，但在金酒中加入豌豆确实增添了额外的香气。对于味美思而言，豌豆甜得恰到好处。陈酿马天尼琥珀味美思（Martini Riserva Speciale Ambrato）堪称这方面的典范，味美思的花蜜香与豌豆金酒的香气配合，可谓是恰到好处。

45毫升（1½ 液量盎司）陈酿马天尼琥珀味美思
45毫升（1½ 液量盎司）豌豆金酒（详见下文）
盐水（详见本书第77页）
冰块，混合时使用
薄荷叶，作为点缀

豌豆金酒（调配300毫升/ 10液量盎司）

10克（¼ 盎司）嫩豌豆卷须
50克（1¾盎司）新鲜豌豆，剥好待用
300毫升（10液量盎司）孟买蓝宝石金酒（Bombay Sapphire gin）

首先制作豌豆金酒：将所有材料倒入碗中。盖上盖子，浸泡12小时或一整夜。将金酒用细筛子过滤后倒入灭菌的玻璃瓶中（详见本书第78页），密封好并放入冰箱中保存，最长可以保存1个月。

将所有材料加入鸡尾酒摇杯中，加入冰块。搅拌大约20秒。

过滤后倒入冰镇的库佩特杯中，使用薄荷叶稍做点缀，豌豆马天尼鸡尾酒就调好了。

甜茶苏打

甜茶苏打是笔者的一位友人约翰·帕克（John Parker）的主意。澳大利亚珀斯的哈福德酒吧（Halford）就是帕克经营的，而这款苏打就是他在经营酒吧时的发明。甜茶苏打是一款余韵悠长的饮品，以茶和味美思为主料，辅以漂浮的一层干型苹果酒（dry cider）和草莓酱（strawberry purée），每当啜饮时，都会给你带来清新独特的味觉体验。

45毫升（1½ 液量盎司）迈登尼甜味美思
60毫升（2液量盎司）红茶糖浆（详见下文）
90毫升（3液量盎司）干型苹果酒
冰块，饮用前加入
50毫升（1¾ 液量盎司）草莓酱，饮用前加入
薄荷枝，用作点缀

红茶糖浆（制作350毫升/12液量盎司）
20克（¾ 盎司）大吉岭红茶
100克（3½ 盎司）超细砂糖
400毫升（13½ 液量盎司）水

将茶叶与400毫升（13½ 液量盎司）冰镇过滤后的水倒入碗中，浸泡1小时，每隔10分钟搅拌一次。

将茶水通过细筛子过滤，滤掉茶叶。将茶重新倒回碗中，加超细砂糖，用力搅拌，使其溶解。将糖浆倒入灭菌的玻璃瓶中（详见本书第78页），红茶糖浆就做好了。密封好，放入冰箱中保存，最长可以保存1周。

把味美思和红茶糖浆倒入冰镇的柯林杯中混合。轻轻地倒入干型苹果酒，小心地在杯中加入冰块。淋上草莓酱，用薄荷枝稍做点缀，甜茶苏打就做好了。

北欧风霜

年龄越大，笔者就越喜欢茴香。这种植物的一切都让人迷醉：无论是植株本身、芬芳的种子还是花粉独特的香气。在这款北欧风味的鸡尾酒中，笔者将茴香与阿夸维特酒（aquavit）搭配。阿夸维特是斯堪的纳维亚地区的一款经典酒款，含有包括葛缕子在内的多种香料。杜凌干型味美思的味道比较清淡，因而非常适合调配这款鸡尾酒。

50毫升（1¾ 液量盎司）杜凌干型味美思
10毫升（¼ 液量盎司）阿夸维特酒
10毫升（¼ 液量盎司）茴香糖浆（详见下文）
橙味比特酒
岩石冰块，饮用前加入
茴香叶和螺旋形柠檬皮，用作点缀

茴香糖浆（制作约600毫升/ 20½ 液量盎司）
500克（1磅2盎司）超细砂糖
10克（¼ 盎司）茴香花粉
500毫升（17液量盎司）水

首先制作茴香糖浆。将超细砂糖、茴香花粉和500毫升（17液量盎司）水一起倒入锅中，煮沸。降到中火，煮30分钟。

用薄纱布（粗棉布）过滤糖浆，滤去花粉，倒入灭菌的玻璃瓶中（详见本书第78页），密封好，放入冰箱中保存，最长可以保存1周。

除了冰块，将其他材料倒入冰镇的古典鸡尾酒杯中，用调酒匙搅拌。加入一块岩石冰块，充分搅拌至部分冰块融化、酒体冰凉，使用茴香叶和螺旋形柠檬皮稍做点缀，北欧风霜鸡尾酒就调好了。

酸樱桃

作为澳大利亚知名美思品牌瑞高酒庄的老板，马克·沃德（Mark Ward）发明了这款特别的鸡尾酒。和其他偏甜口的红味美思不同，这款奢华红味美思（Bold red vermouth）只有80克（2¾盎司）的糖，属于半干型，本质上还是一种偏酸的味美思。这里，笔者以马克的红味美思为基酒，又额外加入了一些樱桃汁。

60毫升（2液量盎司）瑞高奢华红味美思
30毫升（1液量盎司）柠檬汁
10毫升（¼ 液量盎司）蛋清
5毫升（⅛ 液量盎司）罐装马拉斯加酸樱桃浸泡型果汁
冰块，混酒时使用
螺旋形橙皮和马拉斯加酸樱桃，用作点缀

将所有材料放入鸡尾酒摇酒器中，再加入冰块。剧烈摇晃10秒，过滤后倒入冰镇的小酒杯中，用螺旋形橙皮和一些马拉斯加樱桃稍做点缀，酸樱桃鸡尾酒就调好了。

西西

这款鸡尾酒的配方来自笔者的朋友卡蜜儿·拉尔夫·维达尔（Camille Ralph Vidal），她是圣哲曼（St. Germain）的全球品牌形象大使。圣哲曼是一款奇妙的接骨木花利口酒（elderflower liqueur）。笔者选择诺瓦丽·普拉特级干型味美思与这款利口酒搭配，因为诺瓦丽的味美思有着细腻的花香和略带辛咸的余韵，能够和其他配料完美融合。

20毫升（¾ 液量盎司）诺瓦丽·普拉特级干型味美思
20毫升（¾ 液量盎司）孟买蓝宝石金酒
10毫升（¼ 液量盎司）圣哲曼利口酒
10毫升（¼ 液量盎司）西娜尔（Cynar）①比特酒

冰块，混合时使用
螺旋形橙皮，用作点缀

将所有材料倒入鸡尾酒摇杯中，加入冰块。搅拌约20秒，直到冰块部分融化、酒体冰凉。

过滤后倒入冰镇的库佩特杯中，用螺旋形橙皮稍做点缀，西西鸡尾酒就调好了。

陆战队鸡尾酒

经典的陆战队鸡尾酒（Army & Navy cocktail）结合了金酒、柠檬汁和杏仁糖浆。笔者认为，如果能在这款经典的鸡尾酒中加入味美思和盐，整体风味一定能更上一层楼。西风品牌生产的金酒里也加了盐，效果就相当好。这里，笔者选用了曼奇诺塞克味美思，这是一种相当干爽的味美思，带有独特的地中海植物的草药风味，口感很突出。

20毫升（¾ 液量盎司）曼奇诺塞克味美思（Mancino secco vermouth）
20毫升（¾ 液量盎司）西风牌布罗塞德金酒
20毫升（¾ 液量盎司）杏仁糖浆
20毫升（¾ 液量盎司）柠檬汁
盐水（详见本书第77页）
冰块，摇酒时使用
椰子片，用作点缀

将所有材料倒入鸡尾酒摇酒器中，加入冰块。剧烈摇晃10秒，过滤后倒入冰镇的鸡尾酒杯中，用椰子片稍做装饰，陆战队鸡尾酒就调好了。

①西娜尔：产自意大利，由蓟和其他草药于酒中浸泡而成。蓟味浓、微苦，酒度约17度。

墨尔本什锦水果杯

（参考第107页的插图）

没有什锦水果杯的春天算什么春天？经典的什锦水果杯一般由皮姆酒（Pimms，一种以金酒为基酒，使用草药调味的开胃酒）调制而成，也被称为“夏日杯”（summer cup）。什锦水果杯做起来不难，使用任何品牌的金酒和味美思都可以轻松制作，读者完全可以根据自己的喜好选择。笔者的这个配方特意选择了墨尔本生产的食材，从而做出一杯名副其实的墨尔本什锦水果杯。

30毫升（1液量盎司）迈登尼经典味美思
30毫升（1液量盎司）墨尔本金酒公司（Melbourne Gin Company）金酒
45毫升（1½ 液量盎司）卡比干姜汽水
45毫升（1½ 液量盎司）卡比柠檬水
冰块
扇形切开的草莓和罗勒叶，用作点缀

将味美思和金酒倒入冰镇的柯林杯中，轻轻倒入干姜汽水和柠檬水。

小心地往杯中加入冰块，避免汽水跑气。用扇形切开的草莓和罗勒叶稍做点缀，墨尔本什锦水果杯鸡尾酒就调好了。

樱桃茱莉普

作为一款经典鸡尾酒，薄荷茱莉普（Mint Julep）和赛马运动关系密切，特别是和美国肯塔基德比赛马大会（the Kentucky Derby in the United States）有着千丝万缕的联系。樱桃和波本酒堪称绝配，但两者的风味都很浓厚，需要加入味美思进行有效的平衡。笔者选用卡帕诺古老配方味美思（Carpano Antica Formula）来调配，这是一款质感饱满的甜味美思，能够很好地和世界上各种口味浓郁的蒸馏酒搭配。

45毫升（1½ 液量盎司）卡帕诺古老配方味美思
45毫升（1½ 液量盎司）樱桃波本酒（详见下文）
8片薄荷叶

碎冰
薄荷枝和冰糖，用作点缀

樱桃波本酒（调配约750毫升/ 25½ 液量盎司）
200克（7盎司）新鲜樱桃，去核
700毫升（23½ 液量盎司）波本酒

首先调配樱桃波本酒：将樱桃放在碗中捣碎，倒入波本酒。盖上盖子，浸泡24小时。将樱桃波本酒通过细筛子过滤后，倒入灭菌的玻璃瓶中（详见本书第78页），密封好。将捣碎的樱桃与糖浆（详见本书第77页）以2:1混合，放入冰箱冷藏室中保存，作为冰激凌的配料待用。

除了冰块，将所有材料倒入已经冰镇过的冰镇薄荷酒杯中，加入碎冰，用调酒匙大力搅拌。再次加入碎冰，用薄荷枝和冰糖稍做点缀，樱桃朱莉普鸡尾酒就调好了。

死而复生（Corpse Reviver）是一个经典的鸡尾酒系列，以味美思和奎宁酒为基酒调配而成。

以下的鸡尾酒配方来自塞巴斯蒂安·雷本，他是一位资深酿酒师、行业领导者和鸡尾酒的狂热爱好者。

死而复生1号

这种鸡尾酒的制作非常简单，只需将白兰地、卡尔瓦多斯酒（Calvados，苹果白兰地）和甜味美思简单混合即可，特别适合在一个在凉爽的春日傍晚，坐在篝火旁饱餐一顿后饮用。

20毫升（¾ 液量盎司）迈登尼甜味美思
30毫升（1液量盎司）白兰地
10毫升（¼ 液量盎司）卡尔瓦多斯酒

冰块，混酒时使用
螺旋形橙皮，用作点缀

将所有材料倒入鸡尾酒摇杯中，加入冰块。搅拌约20秒，直到冰块部分融化、酒体冰凉。

过滤后倒入冰镇的尼克诺拉杯中，用螺旋形橙皮稍做点缀，死而复生1号鸡尾酒就调好了。

死而复生2号

哈里·克拉多克（Harry Craddock）所著1930年版《萨伏伊鸡尾酒书》（*Savoy Cocktail Book*）中首次收录了这款鸡尾酒。死而复生2号非常好喝，各种香气清晰明了，彼此之间也没有丝毫的违和感，绝对是一款经典的鸡尾酒，一如克拉多克在书中所言：“……连续喝上四杯，死人也能活过来”。足可见当时这种鸡尾酒有多热门了！

20毫升（¾ 液量盎司）迈登尼奎宁酒（Maidenii quinquina）
30毫升（1液量盎司）安泽尔金酒
20毫升（¾ 液量盎司）柠檬汁
20毫升（¾ 液量盎司）橙味利口酒（orange liqueur）
5毫升（⅛ 液量盎司）苦艾酒

冰块，摇酒时使用
螺旋形橙皮，用作点缀

将所有材料倒入鸡尾酒摇酒器中，加入冰块。剧烈摇晃10秒，过滤后倒入冰镇的鸡尾酒杯中，用螺旋形橙皮稍做点缀，死而复生2号鸡尾酒就调好了。

蓝调死而复生

这款鸡尾酒出自雅各布·布莱尔斯（Jacob Briars）之手。雅各布和笔者参加了2009年的鸡尾酒传奇大会（Tales of the Cocktail），在大会期间的一系列研讨会上把这款酒推向了全世界。雅各布经常会走进一些老派的正规酒吧，点上一杯蓝调死而复生，而大部分正规酒吧都没有调配这款鸡尾酒所必需的蓝橙利口酒（Blue Curaçao）。不过无须担心，因为在众多鸡尾酒死忠中，只有雅各布会随身带上一瓶蓝橙酒。

20毫升（¾ 液量盎司）迈登尼奎宁酒
30毫升（1液量盎司）安泽尔金酒
20毫升（¾ 液量盎司）柠檬汁
20毫升（¾ 液量盎司）蓝橙利口酒
5毫升（⅛ 液量盎司）苦艾酒

冰块，摇酒时使用
螺旋形橙皮，用作点缀

将所有材料放入鸡尾酒摇酒器中，加入冰块。剧烈摇晃10秒，过滤后倒入冰镇的鸡尾酒杯中，用螺旋形橙皮稍做点缀，蓝调死而复生鸡尾酒就调好了。

夏日清凉

一年中最热的日子里，你一定想来上一些由热带水果和有核水果调配而成的鸡尾酒。

干燥炎热的天气让人脱水，所以笔者夏天更喜欢喝酒精含量较低的饮品。适合夏日饮用的鸡尾酒应当是简单有趣、易于制作的，当然最重要的还是要清新宜人，给人以清爽的体验。

夏天是味美思行业的旺季。我们忙于配置酊剂（植物浸渍剂），通过过滤、混合，从而调配出用于葡萄酒强化的高品质酊剂。此外，因为葡萄成熟在即，我们还要和酒庄的葡萄园保持密切联系。夏天的结束预示着葡萄酒酿造的开始，那时我们就要全面开始葡萄的采收、压榨和发酵工作了。

蓝莓特饮

（参考第113页的插图）

笔者最喜欢这款饮品中的蓝莓酸葡萄汁（blueberry verjus），制作简单、用途多样。无论是搭配金酒、奎宁水，还是拿来拌沙拉都很合适。笔者这里选用的味美思产自维多利亚州雅拉谷。这款味美思口感偏干，带有令人愉悦的奎宁苦味和柑橘味。

60毫升（2液量盎司）康斯半干型白味美思
（Causes & Cures semi-dry white vermouth）
60毫升（2液量盎司）蓝莓酸葡萄汁（详见下文）
5毫升（⅛ 液量盎司）加拿大枫糖浆
30毫升（1盎司）普罗塞克酒（prosecco）
冰块，饮用前加入
新鲜蓝莓和螺旋形柠檬皮，用作点缀

蓝莓酸葡萄汁（制作450~500毫升/15~17 液量盎司）
250克（9盎司）蓝莓
500毫升（17液量盎司）酸葡萄汁

首先制作蓝莓酸葡萄汁：提前一天将蓝莓冷冻一夜。将冷冻过的蓝莓与酸葡萄汁倒入碗中，浸泡12小时。

将混合液通过细筛子过滤后倒入灭菌的玻璃瓶中密封冷藏保存。

将味美思、蓝莓酸葡萄汁和枫糖浆倒入冰镇的勃垦第杯中，轻轻地搅拌均匀。小心地倒入普罗塞克酒，加入冰块，以保留酒香。用少许新鲜蓝莓和螺旋形柠檬皮稍做点缀，蓝莓特饮鸡尾酒就调好了。

蜜桃冰茶

笔者一直偏好在鸡尾酒里加入茶叶。虽然都来自同一种植物——茶树，但不同品种的茶叶味道上却有很大的差异。笔者这里选用红茶来调配鸡尾酒糖浆。冷泡可以去除过多的单宁味，让茶的味道更佳清新宜人，从而更好地和桃子的味道搭配。笔者选用了卡萨马里奥白味美思，这款味美思含有130多种植物成分，味道丰富饱满，是水果的完美拍档。

¾ 个新鲜水蜜桃，去核，切成大块
60毫升（2液量盎司）卡萨马里奥白味美思（Casa Mariol vermut blanco）
15毫升（½ 盎司）红茶糖浆（见下文）
10毫升（¼ 盎司）柠檬汁

冰块，摇酒时使用
碎冰，饮用前加入
桃子片和薄荷枝，用作点缀

红茶糖浆（制作约500毫升/ 17液量盎司）
40克（1½ 盎司）大吉岭红茶茶叶
200克（7盎司）超细砂糖
400毫升（13½ 液量盎司）水

首先制作红茶糖浆：将茶叶倒入大碗中，加入400毫升（13 ½液量盎司）冰镇、经过过滤处理的水。浸泡1小时，每隔10分钟搅拌一次。

将糖浆通过细筛子过滤，倒回碗中。加超细砂糖，用力搅拌，直到糖溶化。倒入灭菌的玻璃瓶中（详见本书第78页），密封冷藏保存。

将水蜜桃放入鸡尾酒摇酒器中搅拌，搅成糊状为止。加入其余的材料，最后加入冰块。剧烈摇晃10秒，过滤，加入碎冰。用桃子片和薄荷枝稍做点缀。

杏仁鸡尾酒

（参考第115页的插图）

作为一家老牌雪莉酒生产商，卢世涛也生产味美思，其生产的味美思主要选用蒙提拉多和少量的佩德罗·希梅内斯葡萄酒作为基酒。因为口感整体偏甜，所以需要加入盐和新鲜柑橘类来平衡糖分。此外，加入少许烟熏杏仁，鸡尾酒的口感还能进一步提升。其中的奥秘笔者也不甚了然，但好喝就足够了。

45毫升（1½ 液量盎司）卢世涛罗娇味美思
15毫升（½ 液量盎司）杏仁白兰地利口酒（apricot brandy liqueur）
30毫升（1液量盎司）红葡萄柚汁（red grapefruit juice）
10毫升（¼ 液量盎司）曼萨尼娅雪莉酒（manzanilla sherry）
4滴英斯塔奶泡（详见本书第85页）
盐水（详见本书第77页）
½ 个杏子

冰块，摇酒时使用
螺旋形红柚皮，用作点缀
烟熏杏仁，搭配饮用

除了冰块，将其他材料倒入鸡尾酒摇酒器中，用力摇晃10秒。打开摇酒器，加入冰块，然后密封，再摇10秒。

过滤后倒入冰镇的库佩特杯中，用螺旋形红柚皮稍做点缀，杏仁鸡尾酒就调好了，配上一小碗烟熏杏仁即可享用。

黑莓奎宁水

康斯半甜型味美思（Causes & Cures semi sweet vermouth）采用维多利亚州雅拉谷符合生物动力学[①]标准种植的桑娇维塞葡萄酿制而成。这款味美思的主要卖点自然是作为基酒的葡萄酒，植物成分相比之下没有那么突出。只需简单加入奎宁水和少许黑莓利口酒，就能调出一款非常适合夏日饮用的鸡尾酒。关于黑莓利口酒，有一点需要注意：无论你买哪个牌子，一定要放在冰箱里冷藏。因为酒精含量较低，如果在室温下放置太长时间，这类浆果利口酒很容易氧化，影响口感与风味。

50毫升（1¾ 液量盎司）康斯半甜型味美思
10毫升（¼ 液量盎司）黑莓利口酒（crème de mûre）
100毫升（3½液量盎司）奎宁水
冰块，饮用前加入
新鲜黑莓和柠檬角，用作点缀

将味美思和黑莓利口酒倒入冰镇的高球杯中，加入奎宁水。轻轻地加入冰块，避免跑气。

用新鲜黑莓和柠檬角稍做点缀，黑莓奎宁水鸡尾酒就调好了。

① 生物动力学：又称生物动力学农业、生物动力平衡农业，是种植业与饲养业结合的自给自足农业。它不是一种固定的农业生产方法，主要强调农业生产中人与自然和谐相处的平衡关系，是一种生态农业发展学说，在欧洲多国都有一定的影响。

味美思玛丽

早上来一杯血腥玛丽（Bloody Mary）绝对是人生一大乐事。如果仔细研究一下什么和番茄搭配最适合，那么味美思绝对是选择之一，其含有的植物成分和番茄搭配得恰到好处。不少干型味美思都可以拿来调配味美思玛丽，但出于显而易见的原因，笔者最喜欢的还是迈登尼干型味美思。在黏稠的番茄汁陪衬之下，迈登尼味美思的风味更加诱人了。

冰块
60毫升（2液量盎司）迈登尼干型味美思
100毫升（3½液量盎司）香料番茄汁（详见下文）
黄瓜，腌制生姜和塔巴斯科辣椒酱，用作点缀

香料番茄汁（制作1.25升/ 42 液量盎司）

2千克（4磅6盎司）牛排番茄，去茎
10片鲜芹菜叶
2个鸟眼红辣椒，去梗
10克（¼ 盎司）海盐片
20毫升（¾ 液量盎司）雪莉酒醋

首先制作香料番茄汁：将所有材料倒入食品加工机中，搅成糊状为止。

把一块薄纱布（粗棉布）铺在碗上，然后将其固定。倒入番茄糊，静置2小时以沥干水。将沥出的番茄汁倒入灭菌的玻璃瓶（详见本书第78页）中，密封好，放入冰箱中保存，约可保存1周。剩下的番茄糊可以用于制作通心粉。

在冰镇的高球杯中加入冰块。倒入味美思和番茄汁，搅拌一下，用黄瓜、腌制生姜和几滴塔巴斯科辣椒酱稍做点缀，味美思玛丽鸡尾酒就调好了。

杧果夏日

（参考第118页的插图）

对笔者而言，夏天的味道就是熟透的杧果香。童年时，笔者经常吃杧果，拼命想把果肉全部吃到嘴里、一点也不想浪费，根本顾不上果汁顺着下巴直淌。至今想来，那仍然是一段非常美好的回忆。如果能买到的话，笔者尤其推荐澳大利亚肯辛顿杧果（Kensington Pride mangoes），这种杧果和迈登尼干型味美思的辛辣气息搭配起来效果非常好。

60毫升（2液量盎司）杧果迈登尼（详见下文）
90毫升（3液量盎司）生姜啤酒
冰块，饮用前加入
青柠角和杧果片，用作点缀

杧果迈登尼（调制750毫升/ 25 ½ 液量盎司）
1整个新鲜杧果
750毫升（25½ 液量盎司）迈登尼干型味美思

首先来调制杧果迈登尼：切开杧果，去核、切下果皮和果肉。将果皮、果肉和味美思倒入一个密封袋（最好是真空密封袋）中，浸泡12小时或一整夜。

将杧果迈登尼用细筛子过滤后倒入灭菌的玻璃瓶（详见本书第78页）中，密封好，放入冰箱中保存，最长可以存放2周。

将杧果迈登尼倒入冰镇的高球杯中，再倒入生姜啤酒。加入冰块，避免跑气，用青柠角和杧果片稍做点缀，杧果夏日鸡尾酒就调好了。

倒三叶草鸡尾酒

笔者的一位朋友爱德华·夸特马斯（Edward Quatermass）贡献了这个倒三叶草鸡尾酒的配方。夸特马斯经营着布里斯班的梅克（Maker）酒吧。三叶草俱乐部（Clover Club cocktail）是一款受人喜爱的经典鸡尾酒，一般以较多的金酒和少量味美思调配而成。而夸特马斯则反其道而行之，把这个比例颠倒了过来。本配方选用的金酒来自四柱金酒，该品牌将西拉葡萄浸泡在金酒中，创造出了独家的四柱西拉金酒。因为含有许多相似的植物成分，迈登尼干型味美思和这款西拉金酒堪称绝配。

40毫升（1¼ 液量盎司）迈登尼干型味美思
20毫升（¾ 液量盎司）四柱西拉金酒
20毫升（¾ 液量盎司）柠檬汁
10毫升（¼ 液量盎司）2:1糖浆（详见本书第77页）
4个新鲜覆盆子
10毫升（¼ 液量盎司）蛋清
盐水（详见本书第77页）

冰块，摇酒时使用
新鲜覆盆子用牙签串好，作为点缀

除了冰块，将其他材料倒入鸡尾酒摇酒器中，用力摇晃10秒。打开摇酒器，加入冰块，密封，再摇动10秒。

过滤后倒入冰镇的库佩特杯中，用牙签串好的覆盆子稍做点缀，倒三叶草鸡尾酒就调好了。

庞培艾（POMPIER）

本配方来自休·里奇（HUGH LEECH）

庞培艾（法语词，意为“消防员”）鸡尾酒，又称高球鸡尾酒或黑醋栗味美思（Vermouth Cassis），是典型的法式开胃酒，一如意大利的阿佩罗酒（Aperol Spritz）一样。庞培艾是一种优雅的法式开胃酒，口感清新宜人，还带着一抹诱人的粉色。庞培艾的来源已无从证实，在20世纪30年代禁酒令废除后，这种鸡尾酒第一次出现在风靡纽约的巴黎风格咖啡馆中。味美思的奇妙草药香味和黑醋栗酒鲜明浓郁的果香共同加持，奠定了庞培艾在世界鸡尾酒之林中的独特地位。

45毫升（1½ 液量盎司）迈登尼干型味美思
15毫升（½ 液量盎司）玛丽尼特黑醋栗酒
60毫升（2液量盎司）苏打水（气泡水）
冰块，饮用前加入
柠檬角，用作点缀

将味美思和黑醋栗酒倒入冰镇的高球杯中，倒入苏打水。

轻轻地加入冰块，避免跑气，用柠檬角稍做点缀，庞培艾鸡尾酒就调好了。

布朗克斯（BRONX）

本配方来自塞巴斯蒂安·雷本

20世纪20年代正是鸡尾酒一举成名的黄金时代，那时的鲜橙还不是什么稀罕物，不像今天，橙子都是成批堆放在冷库里用气体催熟的。鲜橙含有的天然糖分、酸和维生素，这些对调制鸡尾酒来说都是十分必要的。笔者尝试选用自然成熟、新鲜采摘的橙子来调酒，不出意外，效果要远远好于那些超市里出售的催熟橙。

15毫升（½ 液量盎司）杜凌红味美思（Dolin rouge vermouth）
15毫升（½ 液量盎司）杜凌干型味美思
40毫升（1¼ 液量盎司）安泽尔金酒
20毫升（¾ 液量盎司）鲜橙汁

冰块，摇酒时使用
螺旋形橙皮，用作点缀

将所有材料倒入鸡尾酒摇酒器中，加入冰块。剧烈摇晃10秒，过滤后倒入冰镇的库佩特杯中，用螺旋形橙皮稍做点缀，布朗克斯鸡尾酒就调好了。

华丽荔枝马天尼

笔者见过各种不同的荔枝马天尼配方，有以伏特加或味美思作为基酒的版本，还有的加入了罐装果汁和新鲜柑橘。作为酸葡萄汁（verjus）的狂热爱好者，笔者将其加入了荔枝马天尼，从而平衡鸡尾酒中过多的甜味。关于罐装荔枝的选购，笔者有一点小建议：天下荔枝并非都一样，所以最好能够先尝后买，找到自己喜欢的口味之后再买也不迟。瑞高酒庄的味美思很适合用在荔枝马天尼中，因为这款味美思整体偏咸口，与鸡尾酒的水果甜味形成了鲜明对比，从而提升了口味的丰富度。

30毫升（1液量盎司）瑞高极干型味美思（Regal Rogue Daring dry vermouth）
30毫升（1液量盎司）伏特加
20毫升（¾ 液量盎司）荔枝糖浆（荔枝罐头）
10毫升（¼ 液量盎司）酸葡萄汁
5毫升（⅛ 液量盎司）2:1糖浆（详见本书第77页）

冰块，混合时使用
螺旋形柠檬皮和牙签串好的荔枝，用作点缀

将所有材料倒入鸡尾酒摇杯中，加入冰块。搅拌约20秒，直到冰块部分融化、酒体冰凉。

过滤后倒入冰镇的鸡尾酒杯中，用螺旋形柠檬皮和牙签串好的荔枝稍做点缀，华丽荔枝马天尼鸡尾酒就调好了。

秋日风味

秋天是水果丰收的季节：苹果、石榴、榅桲，每每听到这些名字，笔者就激动不已。这些丰收的水果就是秋的象征，如同秋天一样凉爽宜人。

相比于其他季节，秋日饮品的风味更加浓郁，也能很好地与辛辣的食材搭配，适合在凉爽的夜晚饮用。

秋季是味美思行业一年中最忙的一个季节：酒类酿造过程一直从夏末持续到秋季，包括发酵、混合和陈酿。此外，我们也要使用高品质的酊剂对葡萄酒进行强化，将其转化为味美思。

黑刺李蜘蛛侠
（SLOE SPIDER）

（参考第125页的插图）

作为一种无酒精饮品，蜘蛛侠完美地结合了冰激凌和软饮料的特点，受到了无数孩子的喜爱。当笔者刚刚踏足味美思酿造行业时，调酒师也开始往蜘蛛侠饮料里加起了酒精。笔者选用格奈酒庄干型味美思（Castagna's dry vermouth）调制这款鸡尾酒，其带有的咸味有助于平衡饮料的甜味。此外，抹茶也是必不可少的，因为它有助于融合各种元素，让鸡尾酒的味道更加均衡。

30毫升（1液量盎司）格奈酒庄干型味美思
30毫升（1液量盎司）希普史密斯黑刺李金酒（Sipsmith sloe gin）
50毫升（1¾ 液量盎司）苹果酒
50毫升（1¾ 液量盎司）柠檬水
1勺香草冰激凌，饮用前加入
抹茶粉，用作点缀

将味美思和黑刺李金酒倒入冰镇的柯林杯中。轻轻地倒入苹果酒和柠檬水，加入1勺香草冰激凌。轻轻搅拌，撒上抹茶粉稍做点缀，黑刺李蜘蛛侠鸡尾酒就调好了。

澳大利亚红莓鸡尾酒

阿德莱德山酒庄的干型味美思有着特殊的芳香气息。尽管每升的残糖量仅有7克（⅛ 盎司），这款干型味美思仍然能给人以颇为甜美的口感。笔者选用这款味美思是因为其有着蜂蜜和麦芽香气，让人联想起澳大利亚红莓（Australian muntries）那种近似于苹果派的特殊香气。

60毫升（2液量盎司）阿德莱德山酒庄干型味美思（Adelaide Hills Distillery dry vermouth）
2汤匙红莓酱（详见本书第72页）
15毫升（½ 液量盎司）柠檬汁
15毫升（½ 液量盎司）蛋清

冰块，摇酒时使用
脱水苹果干，用作点缀

除了冰块，将其他材料倒入鸡尾酒摇酒器中，用力摇晃10秒。打开摇酒器，加入冰块，再次摇晃10秒。

过滤后倒入冰镇的库佩特杯中，加入1片脱水苹果干稍做点缀，澳大利亚红莓鸡尾酒就调好了。

安忒洛斯奎宁水（TONIC OF ANTEROS）

安忒洛斯是象征激情与相爱的希腊神祇，一如笔者对巴罗洛基安托葡萄酒的热情。柯奇的巴罗洛基安托就是一个很好的例子，它在这款简单的鸡尾酒中表现出色。安忒洛斯鸡尾酒最好可以搭配一些苦味的黑巧克力一起品鉴，巧克力的苦味可以有效地平衡鸡尾酒中的甜味。

45毫升（1½ 液量盎司）柯奇巴罗洛基安托葡萄酒
5毫升（⅛ 液量盎司）石榴汁
5毫升（⅛ 液量盎司）杏仁酒
橙味比特酒

1块岩石冰块
1个橙角，用作点缀
1块苦味黑巧克力，搭配饮用

除了冰块，将其他材料倒入冰镇的古典鸡尾酒杯中，搅拌使充分混合。加入1块岩石冰块，再搅拌30秒，直到冰块部分融化、酒体冰凉。

使用橙角稍做点缀，安忒洛斯鸡尾酒就调好了，搭配苦味黑巧克力一起享用即可。

酸榅桲

今年，笔者的朋友安迪·格里菲斯给笔者做了一些榅桲酱，味道非常好。这些榅桲酱也成了这款酸榅桲鸡尾酒的灵感来源。格奈酒庄白味美思（Castagna's bianco vermouth）有着宜人的蜂蜜香气，佐以少许玫瑰水（rosewater）点缀，整体香气非常诱人。

45毫升（1½ 液量盎司）格奈酒庄白味美思
2汤匙榅桲酱
15毫升（½ 液量盎司）柠檬汁
5毫升（⅛ 液量盎司）杏仁酒
少许玫瑰水
4滴英斯塔奶泡（详见本书第85页）

冰块，摇酒时使用
腌核桃仁，用作点缀

除了冰块，将其他材料倒入鸡尾酒摇酒器中，用力摇晃10秒。打开摇酒器，加入冰块、密封，再摇晃10秒。

过滤后倒入冰镇的库佩特杯中，使用腌核桃仁稍做点缀，酸榅桲鸡尾酒就调好了。

夏日葬礼

这是笔者2012年创造出的一个鸡尾酒配方，也是第一款使用迈登尼味美思调出的鸡尾酒。迈登尼经典味美思与秋天的石榴和苹果非常相称。请一定使用货真价实的石榴汁，而非工业生产的红色糖水来调酒。此外，如果有条件的话，也可以搭配上澳大利亚坚果脆饼一起享用。试想一下，在一个清凉的秋夜里，一边喝着鸡尾酒，一边品尝着坚果脆饼，这绝对是人生一大乐事。

30毫升（1液量盎司）迈登尼经典味美思
30毫升（1液量盎司）卡尔瓦多斯酒
15毫升（½ 液量盎司）石榴汁
2滴安高天娜比特酒

1块岩石冰块
扇形切开的苹果，用作点缀（详见本书第 81页）
澳大利亚坚果脆饼，搭配饮用（详见本书第73页）

除了冰块，将其他材料倒入冰镇的古典鸡尾酒杯中，搅拌均匀。加入1块岩石冰块，稍做搅拌，直到冰块部分融化、酒体冰凉。

用切成扇形的苹果稍做点缀，夏日葬礼鸡尾酒就调好了，配上脆脆的坚果脆饼一起享用即可。

△ 尼克认为，金合欢籽糖浆（The Wattle syrup）调配的鸡尾酒十分适合早上饮用。这种糖浆可以激发出味美思中的辛辣气息，让人的精神为之一振。

早安鸡尾酒

（参考第130页的插图）

味美思配上咖啡和培根三明治的组合堪称是最好的早餐优选。鸡尾酒中的咖啡和金合欢籽糖浆充分激发了味美思的辛辣气味，味道相当不错。

45毫升（1½ 液量盎司）柯奇巴罗洛基安托葡萄酒
5毫升（⅛ 液量盎司）金合欢籽糖浆（详见本书第64页）
45毫升（1½ 液量盎司）冷萃咖啡（详见下文）

冰块，饮用前加入
一份培根三明治，搭配饮用

冷萃咖啡（制作 1 升 / 34 液量盎司）
75克（2¾ 盎司）现磨咖啡豆
1升（34 液量盎司）过滤后的冰水

首先制作冷萃咖啡：把磨碎的咖啡豆和冰水倒入碗中充分混合。盖上盖子，浸泡12小时。

把一块薄纱布（粗棉布）铺在碗或者水瓶上，然后将其固定。将冷萃混合物倒入碗中，滤去咖啡渣，然后倒入灭菌的玻璃瓶中（详见本书第78页），密封严实。放入冰箱中保存，约可保存1周。

除了冰块，将其他材料倒入已经预先冰镇好的茶杯里。加入冰块，早安鸡尾酒就调好了，搭配培根三明治享用即可。

烟熏特调鸡尾酒

不需要特别复杂的配方，一样能调出口感丰富而复杂的鸡尾酒。笔者认为，这要归因于酿造味美思过程中使用的多种不同的植物成分。此外，加入的配料种类不同，突出味美思的口感与特性也各不相同。这份烟熏特调鸡尾酒的配方来自爱德华·夸特马斯，通过加入日本柚子汁，突出了味美思中泰国柠檬的风味，同时又加入蜂蜜，平衡了味美思的辛辣气息。

60毫升（2液量盎司）迈登尼干型味美思
15毫升（½ 液量盎司）日本柚子汁
5毫升（⅛ 液量盎司）烟熏蜂蜜
碎冰
蜂巢切片和一根焦肉桂棒，用作点缀

将所有材料倒入冰镇的薄荷杯中，加入碎冰。用调酒匙充分搅拌。

在上面加入碎冰，用蜂巢切片和焦肉桂棒稍做点缀即可。

慢拜恩鸡尾酒

山姆·柯蒂斯
（SAM CURTIS）

野生收获节（Wild Harvest）是一项旨在展示澳大利亚原生食材和配料、庆祝丰收的活动，而慢拜恩鸡尾酒就是这个盛会的产物之一。迈登尼品牌有幸承担了该活动全部酒水的调配工作。于是，笔者和所在团队共同调配出一种开胃鸡尾酒，取用等量的拜伦湾酒厂布鲁克“慢”金酒（Byron Distillery Brookie's ‘Slow’ gin，使用澳大利亚原生的戴维森李子酿造）、迈登尼干型味美思和甜味美思。这款鸡尾酒刚入口时的口感与湿型反转马天尼（reverse Wet Martini）①类似，之后又逐渐变成内格罗尼酒的风味，非常神奇。我们把“慢”金酒和迈登尼合作伙伴肖恩·拜恩的名字结合，命名了这款鸡尾酒。理想情况下，一片新鲜的草莓桉树叶和这种鸡尾酒是绝配。

30毫升（1液量盎司）迈登尼干型味美思
30毫升（1液量盎司）迈登尼甜味美思
30毫升（1液量盎司）布鲁克“慢”金酒（Brookie's Slow gin）

冰块，混酒时使用
1块岩石冰块，饮用前加入
1片草莓桉树叶，用作点缀

把所有材料倒入鸡尾酒摇杯中，加入冰块。搅拌约20秒，直到冰块部分融化、酒体冰凉。

在冰镇的古典鸡尾酒杯中加入1块岩石冰块，将过滤后的鸡尾酒倒入。用草莓桉树叶稍做点缀即可。

①反转马天尼：将一般马天尼中金酒和味美思的比例对调，故得名反转马天尼。反转马天尼鸡尾酒的酒度比普通马天尼低，又比啤酒、葡萄酒的酒度高，适合喜欢鸡尾酒丰富口感、但不耐受较高酒精度数的酒友。

秋日早餐特饮

安迪·格里菲斯

这款秋日特饮的酒体明亮、富有质感，较低的酒精度数能够轻柔地唤醒你沉睡的味蕾，非常适合与早午餐（brunch）搭配。迈登尼味美思柔和的苦味、活跃的植物成分与柑橘类和花朵共同形成了均衡的口感。特别是加入蛋清之后，鸡尾酒又增添了天鹅绒般丝滑柔顺的质感，再辅以少许盐的咸味，绝对不会让你失望。

60毫升（2液量盎司）迈登尼干型味美思
25毫升（¾ 液量盎司）冷榨苹果汁
15毫升（½ 液量盎司）洋甘菊糖浆（见下文）
5毫升（⅛ 液量盎司）蛋清
2份盐水（详见本书第77页）
2份柠檬酸溶液（详见本书第77页）

冰块，摇酒时使用
1个牙签串好的西班牙橄榄，用作装饰

洋甘菊糖浆(制作约300毫升/10液量盎司)
10克（¼ 盎司）干洋甘菊花
300克（10½ 盎司）超细砂糖
300毫升（10液量盎司）水

首先制作洋甘菊糖浆，在汤锅中倒入300毫升（10液量盎司）的水，煮沸。加入干洋甘菊花，将火调至中火，煮2分钟。

将煮好的洋甘菊水用细筛子过滤，倒入干净的碗或汤锅中，滤除洋甘菊花。加超细砂糖，搅拌至糖充分溶解，倒入灭菌的玻璃瓶（详见本书第78页）中，密封严实。放入冰箱中保存，约可保存1周。

除了冰块，将所有材料倒入鸡尾酒摇酒器中混合，用力摇10秒钟。打开摇酒器，加入冰块，盖上盖子再摇10秒。

将过滤后的鸡尾酒倒入冰镇的库佩特杯中，用牙签串好的西班牙橄榄稍做装饰即可，秋日早餐特饮鸡尾酒就调好了。

卡萨布兰卡

（参考第135页的插图）

笔者于2014年首创了这款鸡尾酒。当时，笔者发现本地果蔬店居然有新鲜的姜黄出售。新鲜姜黄有着异常丰富的风味、香气和颜色，如果之前没有接触过的话，绝对值得一试。笔者在自己的婚礼上也提供了这款卡萨布兰卡，毫无疑问，它成了当天最抢手的鸡尾酒。

30毫升（1液量盎司）迈登尼甜味美思
30毫升（1液量盎司）植物学家金酒（The Botanist gin）
30毫升（1液量盎司）姜黄糖浆（详见下文）
15毫升（½ 液量盎司）青柠汁
45毫升（1½ 液量盎司）苏打水（气泡水）

冰块，饮用前加入
越南薄荷枝，用作点缀

姜黄糖浆（制作约400毫升/ 13½ 液量盎司）
60克（2盎司）新鲜姜黄根
300克（10½ 盎司）超细砂糖
30克（1盎司）薄荷叶
300毫升（10液量盎司）水

首先制作姜黄糖浆：把姜黄去皮、磨碎（记得戴手套，不然手指会被染成亮橙色）。将超细砂糖与300毫升（10液量盎司）的热水倒入碗中混合，搅拌至糖充分溶解。加入磨碎的姜黄和薄荷叶，盖上盖子，浸泡1小时。

用细筛子过滤后，将糖浆倒入灭菌的玻璃瓶（详见本书第78页）中，密封严实。放入冰箱中保存，约可保存1周。

除了苏打水和冰块，将所有材料倒入冰镇的柯林杯中。轻轻地倒入苏打水、小心地加入冰块，避免苏打水跑气，用越南薄荷枝稍做点缀即可，卡萨布兰卡鸡尾酒就调好了。

次大陆鸡尾酒

萨缪尔
（SAMUEL NG）

以经典现代鸡尾酒款伦敦的召唤（London Calling）为蓝本，这款次大陆鸡尾酒突出了加香型内格罗尼酒厚重的小豆蔻气息，而新鲜咖喱叶的加入，又给了鸡尾酒鲜活的辛辣味。包括咖喱叶在内的许多植物都起源于次大陆，这款鸡尾酒也因此而得名。

20毫升（¾ 液量盎司）迈登尼干型味美思
45毫升（1½ 液量盎司）四柱品牌加香型内格罗尼金酒（Four Pillars Spiced Negroni gin）
25毫升（¾ 液量盎司）柠檬汁
5毫升（⅛ 液量盎司）2:1 糖浆 (详见本书第77页)
橙味比特酒
4片新鲜咖喱叶

冰块，摇酒时使用

将所有材料倒入鸡尾酒摇酒器中混合，加入冰块。用力摇晃10秒，将过滤后的鸡尾酒倒入冰镇的库佩特杯中，用咖喱叶稍做点缀即可，次大陆鸡尾酒就调好了。

冬日暖饮

天气越来越冷，是时候喝一些口感更厚重、酒精度更高的温热暖饮了。

笔者尤其偏爱冬天的橙子和松露：此时的橙子清新宜人，而松露有着十足的泥土芬芳。质地坚硬的香料，如肉豆蔻、肉桂和小茴香，都是增加饮品口感丰富度的绝佳之选。

在味美思行业，冬季是完成最后一道生产工序的季节。混酒（blending）结束，接下来就是装瓶。冬季同样也是下一年生产周期的开始，我们开始挑选植物成分进行浸渍。

苦苣鸡尾酒

（参考第139页的插图）

很多人都猜不到，苦苣也可以给鸡尾酒调味。这款鸡尾酒恰恰离不开这种植物，苦苣能够突出曼奇诺味美思中的柑橘气息，让整个鸡尾酒的口味更上一层楼。

45毫升（1½ 液量盎司）曼奇诺白味美思
（Mancino Bianco Ambrato vermouth）
10毫升（¼ 液量盎司）橙味利口酒
5毫升（⅛ 液量盎司）苏兹龙胆酒
60毫升（2液量盎司）苏打水（气泡水）

冰块，饮用前加入
卷好的苦苣叶，用作点缀

除了苏打水，将所有材料倒入冰镇好的酒杯中，搅拌混合。轻轻倒入苏打水，小心地加入冰块，避免苏打水跑气。用苦苣叶稍做点缀即可，苦苣鸡尾酒就调好了。

压缩美国佬鸡尾酒

这是一款口感清爽、制作简单的鸡尾酒，使用雪酪（一种由加香果汁制成的雪芭）糖浆制作而成。制作雪酪糖浆需要用到一种糖油。将果皮和糖混合后，糖会把果皮中的果油提取出来，得到带有鲜明的果皮香气的糖油。柯奇美国佬就很适合用来调配这款鸡尾酒，因为这种酒有着突出的龙胆根风味和柚子的辛辣口感。

60 毫升（2 液量盎司）柯奇美国佬味美思
30 毫升（1 液量盎司）柑橘雪酪（详见本书第 54 页）
15毫升（½ 液量盎司）酸葡萄汁
60毫升（2液量盎司）苏打水（气泡水）
冰块，饮用前加入
柚子角，用作点缀

将味美思、雪酪和酸葡萄汁倒入冰镇的高球杯中，然后轻轻倒入苏打水。小心地加入冰块，避免苏打水跑气，用柚子角稍做点缀即可，压缩美国佬鸡尾酒就调好了。

纽约托迪鸡尾酒

劳顿·库珀
（LOUDON COOPER）

这款鸡尾酒诞生于冬天，正是忙着调制热棕榈酒[①]的季节。当时，为了让调出的热棕榈酒更加温暖宜人、适合冬天饮用，我加入了多种香料，包括新鲜香料和香料糖浆。结果在一个手忙脚乱的晚上，所有的香料碰巧都用完了，只能另想办法来补救。最后，我决定将曼哈顿鸡尾酒、纽约酸鸡尾酒和热棕榈酒的配方融会贯通起来，结果出乎意料地让人满意。我个人比较热衷于使用本地出产的各种材料来调酒，所以迈登尼品牌的味美思自然就成了我的首选。这个品牌的味美思有着鲜明本地特色的口感和芳香气味。

20毫升（¾ 液量盎司）迈登尼经典味美思
45毫升（1½ 液量盎司）黑麦威士忌
15毫升（½ 液量盎司）柠檬汁
10毫升（¼ 液量盎司）蜂蜜糖浆（详见本书第77页）

磨碎的柠檬皮和八角，用作点缀

将所有材料倒入茶杯中，搅拌混合。移至微波炉中，高火加热30秒，或者加热至酒体温热。

用磨碎的柠檬皮和八角稍做点缀即可，纽约托迪鸡尾酒就调好了。

龙舌兰博士鸡尾酒

适量食用蜂蜜对身体有益，特别是革木蜂蜜（一种产自澳大利亚塔斯马尼亚岛的蜂蜜，色泽诱人、香气浓郁），只需要少量摄入就有很好的功效。革木蜂蜜非常适合用来调配包括这款酒在内的许多鸡尾酒。迈登尼奎宁酒与龙舌兰酒、活泼的柑橘类和略带辛辣的花蜜完美结合，组成了这款龙舌兰鸡尾酒。

20毫升（¾ 液量盎司）迈登尼奎宁酒
20毫升（¾ 液量盎司）龙舌兰酒
60毫升（2液量盎司）橙汁
1茶匙革木蜂蜜

冰块，摇酒时使用
小枝百里香，用作点缀

将所有材料倒入鸡尾酒摇酒器中混合，再加入冰块。用力摇晃10秒，将过滤后的鸡尾酒倒入到冰镇的库佩特杯中，用小枝百里香稍做点缀即可，龙舌兰博士鸡尾酒就调好了。

①热棕榈酒：一种苏格兰地区常见的酒精热饮，由柠檬和威士忌等材料调制而成，有保暖避寒的作用。

干姜味美思鸡尾酒

塞巴斯蒂安·科斯特洛
（SEBASTIAN COSTELLO）

我、我兄弟和他的女友（如今已是他妻子了）都是墨尔本大学的学生，那时的我们常常在暑期测验结束后光顾一家叫作“吉米·沃森”（Jimmy Watson's）的餐厅，然后点上几瓶干姜味美思打包带走。店员会从冰箱里拿出一个空酒瓶，先灌入约⅓的自酿味美思，剩下⅔倒满干姜汽水，将两者充分混合。我们一般会用棕色纸袋把这种酒包裹好，然后在树下从容享用。从那时起，这款鸡尾酒就成了我在早上或是慵懒午后的首选饮品。

45毫升（1½ 液量盎司）迈登尼干型味美思
90毫升（3液量盎司）干姜汽水
冰块，饮用前加入
橙角，用作点缀
剥好的花生，搭配饮用

将味美思倒入冰镇的高球杯中，轻轻倒入干姜汽水。小心地加入冰块，避免汽水跑气，用橙角稍做点缀，干姜味美思鸡尾酒就调好了，配上一小碗剥好的花生即可享用。

佩里戈尔鸡尾酒

法国佩里戈尔地区盛产奢华的食材，包括鹅肝和松露，而这款鸡尾酒就完美地展现了这种奢华的风韵。迈登尼小夜曲口感偏苦，除了所选用的基酒不同，与阿玛罗十分相似。作为小夜曲味美思的主要植物成分之一，雅拉谷黑松露极大地提升了口感，同时奠定了整款味美思强有力的基调，给其他不同风味的融合留下了充足的空间。

10毫升（¼ 液量盎司）迈登尼小夜曲味美思
30毫升（1液量盎司）鹅肝白兰地（详见下文）

冰块，混合时使用
新鲜黑松露刨片，用作点缀
鹅肝布里欧修，搭配饮用

鹅肝白兰地 (调制 150 毫升/5 液量盎司)
100克（3½ 盎司）优质鹅肝
150毫升（5液量盎司）陈年干邑（至少为XO级别）

首先调制鹅肝白兰地：将鹅肝放入油锅中，用中高火煎5分钟，煎出鹅肝中的脂肪。

将鹅肝脂肪和干邑倒入碗中，去除固体残留物。盖上盖子，冷藏12小时，或者冷藏一整夜。

在一块薄纱布（粗棉布）上铺上细筛子，置于碗上，倒入干邑和鹅肝脂肪混合物。沥干水后，将鹅肝白兰地倒入灭菌的玻璃瓶中（详见本书第78页），密封严实，在冰箱中保存，最长可保存2周。

将所有材料倒入调酒杯中混合，加入冰块、搅拌约20秒钟，直到冰块部分融化、酒体冰凉。

将过滤后的鸡尾酒倒入冰镇的尼克诺拉杯中，用黑松露片稍做点缀，佩里戈尔鸡尾酒就调好了，搭配鹅肝布里欧修即可享用。

△ 夏娃诱惑鸡尾酒的关键在于巧克力黄油：这种食材是整款饮品的点睛之笔！

——翠丝·布鲁（TRISH BREW）

夏娃诱惑鸡尾酒

（参考第144页的插图）

翠丝·布鲁

我为孟买蓝宝石公司植物计划的冬季促销活动调制了这款鸡尾酒。当时，我被要求使用摩洛哥豆蔻来调配一款鸡尾酒。通过研究和调查，我发现欧洲传统的希波克拉斯酒（一种可以加热饮用的葡萄酒）中也有这种香料。除此以外，还有什么酒属于香料酒呢？没错，那就是味美思。于是，我决定把两者有机结合起来，加入姜汁啤酒，让口感更加清爽，最后用微波炉来加热。对了，也不要忘了加巧克力黄油哦！

30毫升（1液量盎司）迈登尼经典味美思
30毫升（1液量盎司）孟买蓝宝石金酒
30毫升（1液量盎司）姜汁啤酒

1片厚5毫米的巧克力黄油，用作点缀（详见下文）

巧克力黄油 (制作约280克/10盎司)
250克（9盎司）有盐黄油
20克（¾ 盎司）法芙娜可可粉
20克（¾ 盎司）黄砂糖

首先制作巧克力黄油：将黄油置于室温环境中，用叉子将可可粉和黄砂糖拌入黄油中，确保分布均匀。

将黄油放入保鲜膜中间，卷成圆柱状，放在冰箱里备用。制作好的巧克力黄油可以在冰箱里保存1周。

将所有的材料倒入茶杯中，搅拌混合。置于微波炉中，高火加热30秒。

用1片巧克力黄油稍做点缀即可，夏娃诱惑鸡尾酒就调好了。

蔑视者鸡尾酒

詹姆斯·康诺利

这是我爱上的第一款采用摇和法调制的味美思鸡尾酒！我还记得第一次尝试这款酒是在悉尼的Low 302酒吧，调酒师罗利（Rory）亲手给我调了一杯，因为我的要求是来一杯“带有黑麦风味的饮品”。自此以后，这款酒就成了我的挚爱之一！以下是我自己调制的配方。

15毫升（½ 液量盎司）诺瓦丽·普拉干型味美思
45毫升（1½ 液量盎司）黑麦威士忌
15毫升（½ 液量盎司）石榴汁
25毫升（¾ 液量盎司）柠檬汁
3滴橙味比特酒

冰块，摇酒时使用
螺旋形柠檬皮，用作点缀

将所有材料倒入鸡尾酒摇酒器中，加入冰块。用力摇晃10秒，将过滤后的鸡尾酒倒入冰镇的库佩特杯中，用螺旋形柠檬皮稍做点缀即可，蔑视者鸡尾酒就调好了。

翻领夹克2号鸡尾酒

克里斯·海思德-亚当斯
（CHRIS HYSTED – ADAMS）

这款鸡尾酒是我们墨尔本黑珍珠阁楼酒吧推出的首批独创饮品。当时，我们热衷于提供口味复杂、酒精度数低的鸡尾酒。在调配这款鸡尾酒的过程中，杜凌红味美思因其多样的口感和浓郁的风味引起了我们的注意。除了杜凌味美思，我们还加入了杏仁糖浆来增强口感，并使用橙味比特酒来增加风味的复杂度。当茶冰块开始融化时，味美思的香气与茶叶的单宁味混合，给人以愉悦而特殊的品鉴体验。

60毫升（2液量盎司）杜凌红味美思
7毫升（⅛ 液量盎司）杏仁糖浆
2滴橙味比特酒
3~4大块俄罗斯商队茶冰块（详见下文）
1滴拉弗格（Laphroaig）苏格兰威士忌，用于点缀

俄罗斯商队茶冰块(制作约1升/ 34 液量盎司)
50克（1¾ 盎司）俄罗斯商队茶叶
1升（34液量盎司）过滤后的水

首先制作俄罗斯商队茶冰块：将茶叶与过滤后的水倒入碗中，静置浸泡1小时。

将茶水用细网筛过滤、倒入壶中，滤除茶叶。将茶叶小心地倒入冰格，然后冷冻成茶冰块。

将所有材料倒入冰镇的洛克杯中，搅拌混合。加入俄罗斯商队茶冰块，轻轻搅拌约10秒，翻领夹克2号鸡尾酒就调好了，滴入1滴拉弗格苏格兰威士忌即可享用。

碧血黄沙鸡尾酒

塞巴斯蒂安·雷本

这款饮料是为默片电影《碧血黄沙》1922年的首映而特别调制的。这部电影改编自1908年文森特·伊巴内兹（Vincente Ibanez）的同名小说，主要讲述了一个斗牛士充满坎坷的传奇一生。碧血黄沙鸡尾酒的首创者已无法考证，直到1930年，《萨伏伊鸡尾酒书》才首次以书面形式记载收录了这款酒。

20毫升（¾ 液量盎司）陈酿马天尼味美思
（Martini Riserva Rubino Vermouth）
20毫升（¾ 液量盎司）混合苏格兰威士忌
20毫升（¾ 液量盎司）樱桃利口酒
20毫升（¾ 液量盎司）鲜橙汁

冰块，摇酒时使用
螺旋形橙皮，用作点缀

将除了冰块的所有材料倒入鸡尾酒摇酒器中，上方放入冰块，用力摇晃10秒，然后过滤到冰镇的库佩特杯中，用螺旋形橙皮稍做点缀即可，碧血黄沙鸡尾酒就调好了。

魅惑之下鸡尾酒

尼克·泰瑟尔

这款鸡尾酒脱胎于经典的烟熏马天尼，在澳大利亚帝亚吉欧（Diageo）举办的“大胆尝新味”（Be Braver With Flavour）大赛中，斩获了食物和饮品的最佳搭配奖。当时，这款魅惑之下鸡尾酒搭配了一盘滑嫩的辣椒贻贝鲭鱼汤，辅以盐醋味的紫色刚果薯片。金酒中的淀粉让贻贝汤的口感更加丰富，而威士忌中的烟熏风味和碘元素的味道则与鱼肉完美融合，让人食指大动。

10毫升（¼ 液量盎司）柯奇都灵味美思（Cocchi Vermouth di Torino）
40毫升（1¼ 液量盎司）土豆淀粉金酒（Potato Starch-washed Gin，详见下文）
10毫升（¼ 液量盎司）泥煤烟熏苏格兰威士忌（peated Scotch whisky）

冰块，摇酒时使用
螺旋形柠檬皮，用作点缀

土豆淀粉金酒 (制作 700毫升 /23 ½ 液量盎司)
70克（2½ 盎司）紫色刚果土豆
700毫升（23½ 液量盎司）添加利10号金酒（Tanqueray No. 10 gin）

首先制作土豆淀粉金酒：用切片器把土豆切成薄片，将切好的土豆片在冷水下冲洗，然后与金酒一起倒入大碗中。盖上盖子，静置浸泡1小时。

用细网筛过滤，将过滤后的金酒倒入灭菌的玻璃瓶中（详见本书第78页），去除土豆。将瓶口密封严实，放入冰箱保存，最长可以保存2个月。

将所有材料倒入鸡尾酒摇杯中，加入冰块，搅拌约20秒，直到冰块部分融化、酒体冰凉。

将过滤后的鸡尾酒倒入冰镇的尼克诺拉杯中，用螺旋形柠檬皮稍做点缀即可。

刺激鸡尾酒

尼克·泰瑟尔

这款鸡尾酒是为墨尔本的吕梅餐厅开业式而特别调制的，口味丰富、酒精度数较低，餐前饮用能够很好地唤醒人的感官，从而增进食欲。最初的刺激鸡尾酒需要将芫荽与液氮混合，再加上一块烟熏冻柑橘搭配饮用，而改进后的这个版本制作就相对更简单一些。

30毫升（1液量盎司）迈登尼干型味美思
30毫升（1液量盎司）阿玛罗酒
30毫升（1液量盎司）柑橘糖浆（详见下文）

4片芫荽叶，外加一枝芫荽作为点缀
冰块，摇酒时使用

柑橘糖浆（调制约800毫升/ 27 液量盎司）
750克（1磅11盎司）整粒柑橘
750克（1磅11盎司）超细砂糖
750毫升（25½ 液量盎司）酸葡萄汁

首先调制柑橘糖浆：将柑橘剥皮，保留果皮和果肉。

将超细砂糖、酸葡萄汁、柑橘果肉和果皮放入可密封的塑料袋中（最好是真空密封的）。将袋子密封好，摇晃按压，将水果压碎，使糖充分溶解，然后静置浸泡48小时。将混合物通过极细的筛网过滤到壶中。

将除了冰块的所有材料倒入鸡尾酒摇酒器中，在上方加入冰块，用力摇晃10秒。将过滤后的鸡尾酒倒入冰镇的库佩特杯中，用芫荽枝稍做点缀即可。

正餐前来上一杯鸡尾酒绝对能让人胃口大开。

一杯餐前饮用的鸡尾酒必须能够让人放松一天的心情、激起人的食欲。最理想的餐前开胃饮品要么是口味微苦、要么带有气泡，糖分也要少一些，因为糖会影响味觉，让人产生饱腹感。

在准备餐前酒时，吧台必备的有味美思、雪莉酒（口感越干越好）、香槟（比起泡酒更好一些）和金酒（大量的金酒）。以上所有这些酒既可以单独冰镇饮用，也可以用来调制一杯美味的餐前鸡尾酒。

康普茶味美思鸡尾酒

（参考第151页的插图）

近几年开始流行起来的康普茶是一种发酵茶饮料，许多品牌都争相推出了自家的康普茶饮料。想要找到靠谱的康普茶，选好品牌最重要。笔者更偏爱使用没有浓郁风味的康普茶，因为浓郁的风味往往会掩盖饮品中的其他成分。这款鸡尾酒选用的杜凌白味美思（Dolin Blanc）是一款清淡的味美思，花香的余韵混合椰子水的香气，极大地提升了整体的口感。

60毫升（2液量盎司）杜凌白味美思
30毫升（1液量盎司）椰子水
¼个新鲜百香果的果肉
90毫升（3液量盎司）无味康普茶
冰块，饮用前加入
香茅梗和半个百香果，用作点缀

将味美思、椰子水和百香果果肉倒入冰镇的高球杯中搅拌混合。轻轻地倒入康普茶，小心地加入冰块，避免康普茶跑气。用香茅梗和半个百香果稍做点缀即可，康普茶味美思鸡尾酒就调好了。

金汤力鸡尾酒

这是笔者在墨尔本金酒宫酒吧调出的另一款鸡尾酒。这款鸡尾酒旨在提神醒脑，融合了苦、咸、甜、酸，此外，自然也少不了金酒的加持。与五花八门的味美思相比，市面上的奎宁酒品牌并不多，这款鸡尾酒选用的是来自南非的奎宁酒，口感苦涩中又带着宜人的甜味，很受人喜爱。

20毫升 (¾ 液量盎司) 开普里提奎宁酒（Caperitif quinquina）
40毫升（1¼ 液量盎司）金酒
20毫升（¾ 液量盎司）曼萨尼娅雪莉酒
5毫升（⅛ 液量盎司) 奎宁糖浆
柠檬酸溶液（详见本书第77页）

冰块，混合时使用
柠檬角，用作点缀
牙签串好的橄榄，搭配享用

将所有材料倒入鸡尾酒摇杯中，加入冰块。搅拌约20秒，直到冰块部分融化、酒体冰凉。

将过滤后的鸡尾酒倒入冰镇的柯林杯中，用柠檬角稍做点缀，金汤力鸡尾酒就调好了，搭配牙签串好的橄榄即可享用。

菊花鸡尾酒

塞巴斯蒂安·雷本

1930年，欧罗巴号游轮从德国出发。这是一艘巨大的客运班轮，在德国-纽约航线上航行了近十年时间。当游轮从纽约港驶出、到达国际水域后，就可以为美国乘客提供酒精饮品了。因为禁酒令的存在，这些美国酒客早已是迫不及待，想要来上一杯解解渴。菊花鸡尾酒就是欧罗巴号的招牌鸡尾酒之一。这种口味丰富、又略带辛辣味的优质饮品一直备受喜爱，时隔几十年后，它仍然是热门鸡尾酒。

60毫升（2液量盎司）卡帕诺干型味美思
30毫升（1液量盎司）班尼狄克汀香甜酒（DOM Bénédictine）
5毫升（⅛ 液量盎司）苦艾酒

冰块，混酒时使用
螺旋形橙皮，用作点缀

将所有材料倒入鸡尾酒摇杯，加入冰块。搅拌约20秒，直到冰块部分融化、酒体冰凉。

将过滤后的鸡尾酒倒入冰镇的库佩特杯中，用螺旋形橙皮稍做点缀即可，菊花鸡尾酒就调好了。

法式风情2号鸡尾酒

笔者为《阿尔基米》(*Alquimie magazine*)[①]杂志撰写了一篇关于开胃鸡尾酒的文章，其中就有这款鸡尾酒。这款鸡尾酒使用的一切材料都来自法国，又恰好是笔者调配的第二款法式鸡尾酒，故而得名法式风情2号。本配方中选用了法国利莱酒，如果你找不到陈酿版本，大可以使用普通版本来替代。当然，笔者还是十分推荐使用陈酿酒的，因为陈酿能给鸡尾酒带来更加迷醉、奢华的口感。

20毫升（¾ 液量盎司）利莱2008年份陈酿白味美思（Lillet Blanc Reserve 2008）
20毫升（¾ 液量盎司）巍城金酒（Citadelle gin）
10毫升（¼ 液量盎司）苏兹龙胆酒
40毫升（1¼ 液量盎司）香槟酒

冰块，饮用前加入
螺旋形柠檬皮，用作点缀

除了香槟和冰块，将所有材料倒入冰镇的勃垦第杯中，搅拌混合。轻轻地倒入香槟酒，小心地加入冰块，避免香槟跑气 。用螺旋形柠檬皮稍做点缀即可，法式风情2号鸡尾酒就调好了。

①阿尔基米杂志：澳大利亚知名的半年刊酒类杂志。

迪斯科舞厅鸡尾酒

尼克·泰瑟尔

这是我在墨尔本吕梅餐厅工作期间调制的最后一款鸡尾酒。作为一款餐前开胃酒，这款迪斯科舞厅鸡尾酒以经典的竹子鸡尾酒为蓝本，使用了含有更加丰富的有坚果味香气的雪莉酒和新问世的迈登尼奎宁酒。因为含有蓝莓酸葡萄汁，这款鸡尾酒有着如同舞厅一样变幻的色彩，显得十分诱人，故而得名迪斯科舞厅。

20毫升（¾ 液量盎司）迈登尼奎宁酒
20毫升（¾ 液量盎司）蓝莓酸葡萄汁（详见本书第112页）
20毫升（¾ 液量盎司）桑切斯洛美特菲诺雪莉酒（Sanchez Romate Fino Perdido）
10毫升（¼ 液量盎司）2:1糖浆（详见本书第77页）

1块岩石冰块
螺旋形柠檬皮，用作点缀

除了冰块，将所有其他材料倒入冰镇的洛克杯中，搅拌混合。加入岩石冰块，搅拌约30秒，直到冰块部分融化、酒体冰凉。用螺旋形柠檬皮稍做点缀即可，迪斯科舞厅鸡尾酒就调好了。

法兰基开胃酒

笔者在金酒宫酒吧工作的时候，认识了一位老主顾，日后还和他成了好友。这位老主顾名叫弗朗切斯科·菲奥雷利（Francesco Fiorelli），是一位真正的意大利绅士，在楼上经营着一家叫“萨蒂”（Sarti）的餐厅。一天晚上，弗朗西斯科带来了一瓶意大利米尔图酒（mirto），选用桃金娘或香桃木的果实制成。他让笔者用米尔图调制一杯鸡尾酒，好让他开开胃，法兰基开胃酒就这么诞生了。

15毫升（½ 液量盎司）迈登尼甜味美思
45毫升（1½ 液量盎司）玛尔菲金酒（Malfy gin）
15毫升（½ 液量盎司）米尔图酒

冰块，混合时使用
苦艾酒，用来漂洗酒杯
螺旋形柠檬皮，用作点缀

将所有材料倒入鸡尾酒摇杯中，加入冰块。搅拌约20秒，直到冰块部分融化、酒体冰凉。

将过滤后的鸡尾酒倒入用苦艾酒漂洗好（详见本书第78页）的冰镇库佩特杯中，用螺旋形柠檬皮稍做点缀即可，法兰基鸡尾酒就调好了。

马天尼

制作马天尼的方法可谓是数不胜数，而调好马天尼的关键在于不断试验、找到自己喜爱的口味。以下给出的配方就是根据笔者的喜好调制而成的。因为选用了等量的味美思和金酒调制，你也可以称之为“一比一马天尼”(50/50 Martini)。笔者还列出了一些配料的调整方法，你完全可以按照提示、根据自己的口味灵活应变，从而调配出最合自己心意的独家马天尼。

45毫升（1½ 液量盎司）迈登尼干型味美思
45毫升（1½ 液量盎司）添加利10号金酒

冰块，混合时使用
螺旋形柚皮，用作点缀

将所有材料倒入鸡尾酒摇杯中，加入冰块。搅拌约20秒，直到冰块部分融化、酒体冰凉。将过滤后的鸡尾酒倒入冰镇的鸡尾酒杯中，用螺旋形柚皮稍做点缀即可，一比一马天尼就调好了。

根据口味调整配料

比较喜欢甜口鸡尾酒?

可以尝试加入更多味美思或选用甜型味美思调配偏甜口的湿型马天尼。

想要更丰富的口味?

可以加入1茶匙橄榄盐水调配成脏马天尼（Dirty Martini)。

不是很喜欢金酒?

可以试试把金酒换成伏特加。用伏特加调马天尼不算经典，但也很好喝。

比起味美思，更喜欢金酒?

作为味美思酿造从业者，笔者绝对会为你的选择感到遗憾，但作为一个职业调酒师，笔者还是推荐你适当减少味美思用量，调配成干型马天尼。

受不了太高的酒精度数?

可以多加味美思、少加金酒，调配成陈酿马天尼(Reverse Martini)。

点缀材料的选择

酸味

可以搭配螺旋形柑橘皮、柚子叶、腌制洋葱、切片苹果或手指柠檬果肉。

辛辣

可以用苦艾酒漂洗酒杯（详见本书第78页），搭配数滴比特酒、旱金莲叶、腌制辣椒、泰国柠檬。

甜味

可以搭配蓝纹芝士枣、切片草莓、西瓜球或糖浆玫瑰花。

清新

可以搭配薄荷枝、罗勒叶、玫瑰花瓣或柠檬桃金娘叶。

丰富口感

可以搭配牙签串好的橄榄、牙签串好的凤尾鱼块、百里香枝、迷迭香枝、樱桃番茄或万寿菊。

△ 马天尼是一种因人而异的饮品，非常个性化。
——塞巴斯蒂安·雷本 与 德里维·麦高文

竹子鸡尾酒

雨果·里奇
（HUGO LEECH）

这是一款经典的餐前鸡尾酒款，做法精致、酒精度数较低，其历史可追溯到19世纪初。当时，鸡尾酒在日本尚不流行。为了招待喜爱鸡尾酒的国际友人（尤以美国人为主），日本横滨的一位调酒师专门调制出了这款竹子鸡尾酒。本书中收录的这个配方是基于原版竹子鸡尾酒的全新演绎，充分展示出鸡尾酒将各种材料巧妙融合，实现一加一大于二的神奇魔力。比特酒给竹子鸡尾酒增添了独特的芳香，而糖浆则为这款精致的饮品带来了丝般顺滑的口感。

30毫升（1液量盎司）迈登尼干型味美思
30毫升（1液量盎司）菲诺雪莉酒
5毫升（⅛ 液量盎司）2:1 糖浆 (详见本书第77页)
数滴橙味比特酒

冰块，混合时使用
螺旋形橙皮，用作点缀

将所有材料倒入鸡尾酒摇杯中，加入冰块。搅拌约20秒，直到冰块部分融化、酒体冰凉。

将过滤后的鸡尾酒倒入冰镇的尼克诺拉杯中，用螺旋形橙皮稍做点缀即可，竹子鸡尾酒就调好了。

黄金里程鸡尾酒

乔·琼斯
（JOE JONES）

这款黄金里程鸡尾酒是我新近调制的一款开胃鸡尾酒，以雪莉酒和味美思为基酒，加入少量的苏兹龙胆酒调制而成，味道介于白美国佬和汤姆柯林斯鸡尾酒之间。因为酒精含量较少，所以比较适合晚上慢慢品鉴。如果想要酒度更高一些，可以用拉格干啤酒代替苏打水。

25毫升（¾ 液量盎司）柯奇美国佬味美思
25毫升（¾ 液量盎司）拉戈雅菲诺雪莉酒（La Goya fino sherry）
15毫升（½ 液量盎司）苏兹龙胆酒
20毫升（¾ 液量盎司）柠檬汁
10毫升（¼ 液量盎司）2:1 糖浆（详见本书第77页）

碎冰块，摇酒时使用
1块长矛冰块
30毫升（1液量盎司）苏打水
切片橙子，用作点缀

除了长矛冰块和苏打水，将所有材料与少许碎冰一起倒入鸡尾酒摇酒器中。用力摇晃10秒，直到冰块溶解。

滤入柯林斯玻璃杯中，放入长矛冰块。轻轻倒入苏打水，用切片橙子稍做点缀即可，黄金里程鸡尾酒就调好了。

解忧三号鸡尾酒

在笔者记忆里，新西兰解忧酒吧（Caretaker）的阿拉斯泰尔·沃克（Alastair Walker）一直以制作高品质的经典饮品而闻名。沃克曾在墨尔本的艾弗利酒吧（The Everleigh）工作过一段时间，专注于打造鸡尾酒口味的层次感。在这款解忧鸡尾酒中，沃克使用黑樱桃利口酒（maraschino）的甜味平衡了龙舌兰酒的苦味，再以质感丰富饱满的干型味美思将这两者联系了起来。

15毫升（½ 液量盎司）伊扎吉尔干型味美思（Yzaguirre dry vermouth）
45毫升（1½ 液量盎司）特隆巴白龙舌兰酒（Tromba blanco tequila）
5毫升（⅛ 液量盎司）黑樱桃利口酒

冰块，混酒时使用
螺旋形柠檬皮和少许梅斯卡尔酒（mezcal），用作点缀

将所有材料倒入鸡尾酒摇杯中，加入冰块。搅拌约20秒，直到冰块部分融化、酒体冰凉。

将过滤后的鸡尾酒倒入尼克诺拉杯中，用螺旋形柠檬皮和少许梅斯卡尔酒稍做点缀即可，解忧三号鸡尾酒就调好了。

黑刺鸡尾酒

克里斯·海斯特-亚当斯
（CHRIS HYSTED-ADAMS）

马克·莱希和我一直希望黑珍珠酒吧只用澳大利亚的原料来调制鸡尾酒。顾客们很喜欢纯饮四柱西拉金酒（Four Pillars Shiraz gin），而我们却热衷于在鸡尾酒中使用它，以突出一种独特的风味。这款金酒果味丰富、口感成熟饱满，为鸡尾酒的调制奠定了坚实的基础。关于味美思的选择，瑞高野性桃红味美思似乎是调制这款鸡尾酒的不二之选。

50毫升（1¾ 液量盎司）瑞高野性桃红味美思
20毫升（¾ 液量盎司）四柱西拉金酒
5毫升（⅛ 液量盎司）2:1糖浆（详见本书第77页）
1调酒匙波塔尼卡酿酒厂陈酿苦艾酒
（Distillery Botanica Reverie absinthe）

冰块，混合时使用
螺旋形柚子皮，用作点缀

将所有材料倒入鸡尾酒摇杯中，加入冰块。搅拌约20秒，直到冰块部分融化、酒体冰凉。

将过滤后的鸡尾酒倒入冰镇的库佩特杯中，用螺旋形柚子皮稍做点缀即可，黑刺鸡尾酒就调好了。

餐后饮

饱餐一顿之后，也该放松片刻、喝点东西，给愉快的夜晚画上一个美妙的句号。

比起餐后甜点，你可以试着来一杯甜口的饮品帮你消消食。

要想调好餐后饮品，除了大量味美思，还有几样必需品：首先是一款精心挑选的阿马里（amari，苦味的意大利利口酒），纯饮、调酒两相宜。此外，自然也少不了作为笔者最爱的白兰地。作为经典的餐后酒款，白兰地搭配雪茄享用风味最佳。最后，茶和咖啡对于餐后鸡尾酒的调制同样有着四两拨千斤的作用。当然，单独饮用也没问题。

乔治王广场鸡尾酒

（参考第161页的插图）

这款鸡尾酒配方来自爱德华·夸特马斯，他是笔者的老朋友，目前住在澳大利亚布里斯班。夸特马斯把这款酒的命名工作留给了笔者，而取名从来就不是笔者的特长，所以本着一切从简的原则，笔者将这款酒命名为乔治王广场鸡尾酒。该广场是布里斯班当地著名的景点，得名于英国国王乔治五世（King George V）。

25毫升（¾ 液量盎司）迈登尼甜味美思
25毫升（¾ 液量盎司）蔗园菠萝朗姆酒（Plantation Pineapple Rum）
25毫升（¾ 液量盎司）黑麦威士忌

冰块，混合时使用
苦艾酒，用来漂洗酒杯
螺旋形柠檬皮，用作点缀

将所有材料倒入鸡尾酒摇杯中，加入冰块。搅拌约20秒，直到冰块部分融化、酒体冰凉。

将过滤后的鸡尾酒倒入用苦艾酒漂洗好（详见本书第78页）的冰镇洛克杯中，用螺旋形柠檬皮稍做点缀即可，乔治王广场鸡尾酒就调好了。

宝石鸡尾酒

雨果·里奇

宝石鸡尾酒是一款有年头的经典鸡尾酒款。这款酒的灵感源于三种珍贵的宝石：钻石（金酒）、红宝石（味美思）和祖母绿（绿查尔特勒酒）。入口后，先感受到的是细腻的甜味，而后又以浓郁的香草味收尾，充满了惊喜。这款鸡尾酒在整个鸡尾酒家族中也有着一席之地，是一款真正令人身心愉悦的餐后饮品。

30毫升（1液量盎司）阿德莱德山酒庄甜味美思（Adelaide Hills Distillery sweet vermouth）
40毫升（1¼液量盎司）阿德莱德山78度金酒（Adelaide Hills 78 Degrees gin）
20毫升（¾ 液量盎司）绿查尔特勒酒（Green Chartreuse）
数滴橙味比特酒

冰块，混酒时使用
螺旋形柠檬皮，用作点缀

将所有材料倒入鸡尾酒摇杯中，加入冰块。搅拌约20秒，直到冰块部分融化、酒体冰凉。

将过滤后的鸡尾酒倒入冰镇的库佩特杯中，用螺旋形柠檬皮稍做点缀即可，宝石鸡尾酒就调好了。

特级曼哈顿鸡尾酒

克里斯 · 海思德- 亚当斯

这款经典的特级曼哈顿鸡尾酒并非我们首创。1884年，哈里 · 约翰逊（Harry Johnson）首次调出了这种鸡尾酒。据传，哈里最喜欢在他的曼哈顿鸡尾酒里加入少许橙味利口酒（Curaçao），这也是最早的特级曼哈顿鸡尾酒的配方。不过我们发现，用少许苦艾酒代替橙味利口酒，效果也毫不含糊，甚至能让调出的饮品层次更加饱满、同时也更能突出卡帕诺古老配方味美思本身甜味的酒款。

45毫升（1½ 液量盎司）卡帕诺古老配方味美思
45毫升（1½ 液量盎司）黑麦威士忌
3毫升（⅛ 液量盎司）橙味利口酒
3毫升（⅛ 液量盎司）苦艾酒
3 毫升（⅛ 液量盎司）2:1 糖浆（详见本书第 77 页）

冰块，混酒时使用
1颗新鲜樱桃，用作点缀

将所有材料倒入鸡尾酒摇杯中，加入冰块。搅拌约20秒，直到冰块部分融化、酒体冰凉。

将过滤后的鸡尾酒倒入冰镇的库佩特杯中，用1颗新鲜樱桃稍做点缀即可，特级曼哈顿鸡尾酒就调好了。

M&M咖啡鸡尾酒

笔者的朋友塞巴斯蒂安 · 德博梅斯（Sebastien Derbomez）提供了这份咖啡鸡尾酒的配方。德博梅斯是威士忌品牌“三只猴子”（the Monkey Shoulder whisky）在美国的品牌大使。刚看到这份配方时，笔者下意识地认为这里面的味美思应该很难和其他材料搭配。但是尝试过后，笔者发现自己错了，而且错得离谱。这款咖啡鸡尾酒简直太棒了！借此，笔者想向塞巴斯蒂安真诚地道个歉。

30毫升（1液量盎司）三只猴子威士忌
30毫升（1液量盎司）迈登尼干型味美思
30毫升（1液量盎司）现磨咖啡
15毫升（½ 液量盎司）橙汁

冰块，摇酒时使用
肉豆蔻粉，用作点缀

将所有材料倒入鸡尾酒摇杯中，加入冰块。用力摇晃10秒，以稀释酒体。将过滤后的鸡尾酒倒入冰镇的尼克诺拉杯中，用肉豆蔻粉稍做点缀即可，M&M咖啡鸡尾酒就调好了。

味美思茶饮鸡尾酒

这款鸡尾酒制作的关键和基础在于牛奶潘趣——一种混合了柑橘和牛奶的饮品。听起来颇为古怪，但这么做其实有理可循：柑橘可以将牛奶分成凝乳和乳清，然后就可以将乳清收集起来，提升潘趣的质感。请一定要选用优质牛奶进行调配。

30毫升（1液量盎司）冰镇迈登尼甜味美思
120毫升（4液量盎司）牛奶潘趣（详见下文）
新鲜草莓和一块苏格兰黄油脆饼，搭配饮用

牛奶潘趣(制作约600 毫升/ 20 ½液量盎司)
2个大橘子的橘皮
250毫升（8½ 液量盎司）墨尔本金酒公司的金酒（Melbourne Gin Company gin）
500毫升（17液量盎司）优质全脂牛奶
15克（½ 盎司）干季乌巴茶（uva dry-season tea）
250毫升（8½ 液量盎司）柠檬汁
150克（5½ 盎司）超细砂糖

首先制作牛奶潘趣：将柑橘皮和金酒倒入碗中，盖上盖子，静置浸泡12小时，或者浸泡一整夜。

将牛奶倒入锅中，用中火轻轻加热3~4分钟，直到牛奶温热但不烫手。加入茶叶，搅拌。关火，静置5分钟。

将牛奶和茶的混合物、金酒、柠檬汁和超细砂糖倒入碗中，搅拌至糖溶解。静置1小时。

把一块薄纱布（粗棉布）铺在细网筛上，然后盖在碗上。倒入牛奶混合物，滤除凝乳。

然后将牛奶潘趣倒入灭菌的玻璃瓶中（详见本书第78页），密封严实，放入冰箱中保存，最长可保存1周。

将牛奶潘趣和提前冰镇的味美思倒入冰镇的茶杯中，味美思茶饮鸡尾酒就调好了，搭配新鲜草莓和苏格兰黄油脆饼享用即可。

迦太基风情鸡尾酒

塞巴斯蒂安·雷本

我调配这款鸡尾酒的目的主要有两个：一是选用餐前餐后两相宜的材料；二是探索鸡尾酒的质感。一开始用的是查尔特勒酒，因为其带来了丝滑的口感，之后又加入了鸡蛋，于是这款鸡尾酒就成了香甜酒（flip）。作为一款餐后饮品，烟熏威士忌似乎不可或缺，但在这个配方中却又不太和谐。因此，我选择了苏格兰威士忌，并加入了一些味美思酒来提升口感，避免过于沉闷乏味，效果非常好。

15毫升（½ 液量盎司）仙山露1757 红味美思
（Cinzano 1757 Rosso vermouth）
50 毫升（1¾ 液量盎司）波摩传说 10年苏格兰威士忌
（Bowmore Legend 10-year-old Scotch whisky）
15毫升（½ 液量盎司）黄查尔特勒酒（Yellow Chartreuse）
5毫升（⅛ 液量盎司）2:1 糖浆（详见本书第77页）
1个完整的鸡蛋

冰块，摇酒时使用
少许藏红花蕊和新鲜的肉豆蔻，用作点缀

将所有材料倒入鸡尾酒摇酒器中，加入冰块。用力摇晃10秒，将过滤后的鸡尾酒倒入冰镇的郁金香杯中，用少许藏红花蕊和新鲜肉豆蔻稍做点缀即可，迦太基风情鸡尾酒就调好了。

美功铁道鸡尾酒

詹姆斯·康诺利

这款鸡尾酒有着以泰国著名的铁路市场——美功铁道市场命名，是我最喜欢的饮品之一，它是20世纪泰式风格的龙舌兰酒。白可可和辣椒是白龙舌兰酒的明显搭档，而美式酒则带来了复杂的口感和植物成分，这恰恰是原版中所缺少的。美功铁道鸡尾酒是一款相当棒的饮品，各种场合饮用都很合适。如果你想尝尝鲜，还可以再加入些许梅斯卡尔酒。

25毫升（¾ 液量盎司）柯奇美国佬味美思
25毫升（¾ 液量盎司）特隆巴雷帕萨多龙舌兰酒
（Tromba Reposado tequila）
25毫升（¾ 液量盎司）辣椒可可酒（详见下文）
25毫升（¾ 液量盎司）柠檬汁
3滴橙味利口酒
盐水（详见本书第77页）

冰块，摇酒时使用
螺旋形柠檬皮，用作点缀

辣椒可可酒 (调制350毫升/ 12 液量盎司)
350毫升 (12液量盎司) 莫扎特白可可利口酒
（Mozart white crème de cacao）
10克（¼ 盎司）鸟眼红辣椒，去梗、切碎

首先调制辣椒可可酒：将可可利口酒和辣椒倒入碗中，盖上盖子，浸泡2小时。用细筛子过滤，滤去辣椒，倒入灭菌的玻璃瓶中（详见本书第78页）、密封严实。放入冰箱中保存，最长可保存2个月。

将所有材料倒入鸡尾酒摇酒器中，加入冰块。用力摇晃10秒，将过滤后的鸡尾酒倒入冰镇的库佩特杯中，用螺旋形柠檬皮稍做点缀即可，美功铁道鸡尾酒就调好了。

角落球袋鸡尾酒

 乔·琼斯

一款略微带有后调的低酒精饮料，非常浓郁的热带风情！

25毫升（¾ 液量盎司）杜凌干型味美思
25毫升（¾ 液量盎司）阿玛罗蒙特内罗（amaro Montenegro）利口酒
40毫升（1¼ 液量盎司）菠萝汁
20毫升（¾ 液量盎司）青柠汁
15毫升（½ 液量盎司）杏仁糖浆
碎冰，摇酒时使用

1块长矛冰块
30毫升（1盎司）苏打水
青柠角和菠萝叶，用作点缀

除了长矛冰块和苏打水，将所有材料和少许碎冰一起倒入鸡尾酒摇酒器中。用力摇晃10秒，直到冰块融化。

将过滤后的鸡尾酒倒入冰镇的柯林杯中，加入长矛冰块。轻轻倒入苏打水，用青柠角和菠萝叶稍做点缀即可，角落球袋鸡尾酒就调好了。

大都会马天尼

（参考第168页的插图）

这款鸡尾酒将大都会和马天尼这两种流行的鸡尾酒巧妙地结合了起来。配方中的马天尼比较显眼，相比之下，大都会就更加隐秘地藏在糖浆里。

40毫升（1¼ 液量盎司）法国园林干型美味思（La Quintinye dry vermouth）
40毫升（1¼ 液量盎司）四柱珍品干金酒（Four Pillars Rare dry gin）
20毫升（¾ 液量盎司）蔓越莓糖浆（详见下文）

冰块，混合时使用
螺旋形橙皮，用作点缀

蔓越莓糖浆 (调配400毫升/ 13 ½ 液量盎司)
250克（9盎司）蔓越莓干
250克(9盎司) 超细砂糖
250毫升（8½ 液量盎司）苹果醋
250毫升（8½ 液量盎司）水

首先调配蔓越莓糖浆：在锅中倒入250毫升（8½ 液量盎司）的水，倒入所有材料并煮沸。调制中火，炖煮30分钟，偶尔搅拌一下。

用细筛子过滤，滤去蔓越莓干。将蔓越莓糖浆倒入灭菌的玻璃罐或玻璃瓶中（详见本书第78页），密封严实。放入冰箱中保存，最长可以保存1个月。

将所有材料倒入鸡尾酒摇杯中，加入冰块。搅拌约20秒，直到冰块部分融化、酒体冰凉。

将过滤后的鸡尾酒倒入冰镇的鸡尾酒杯中，用螺旋形橙皮稍做点缀即可，大都会马天尼鸡尾酒就调好了。

脏马丁内斯

安迪·格里菲斯

这款鸡尾酒的灵感来源于我的一次西班牙之行，当地的味美思和各种腌制小食都让这次旅行惊喜满满。受此启发，我调出了一款全新的马丁内斯鸡尾酒（也是我的最爱）。这款脏马丁内斯中融入了我对梅斯卡尔酒和雪莉酒的喜爱，调出的鸡尾酒香气浓郁、口感复杂，非常适合搭配各色西班牙小吃，如腌肉、凤尾鱼和各种腌菜。卡萨马里奥黑味美思焦糖含量低、草药香味浓郁，因此它也是这款鸡尾酒的首选。

1枝迷迭香
1颗刺山柑浆果
30毫升（1液量盎司）卡萨马里奥黑味美思（Casa Mariol vermut negre）
40毫升（¼ 液量盎司）梅斯卡尔酒
10毫升（¼ 液量盎司）欧罗索雪莉酒
少许橙味比特酒

冰块
1颗刺山柑浆果，用作点缀

将迷迭香放入鸡尾酒摇杯中，用火焰短暂灼烧。加入刺山柑浆果，与迷迭香一起混合，直到两者轻微破碎为止。

加入所有材料，再加入冰块。搅拌约20秒，直到冰块部分融化、酒体冰凉。

将过滤后的鸡尾酒倒入冰镇的库佩特杯中，用刺山柑浆果稍做点缀即可，脏马丁内斯鸡尾酒就调好了。

苦味鸡尾酒

并非人人都能接受苦味鸡尾酒，你得试着让你的味蕾去接受这种味道的刺激。

苦味鸡尾酒什么时候喝都好：餐前饮开胃，餐后品也很适宜，什么时候想喝了就可以喝。苦味鸡尾酒自然少不了各种味美思，但同样也少不了其他一些酒类的加持，而金巴利酒和阿佩罗酒就是其中的突出代表：阿佩罗更适合刚刚接触苦味酒的新手，而金巴利则是专门给那些热衷于苦酒的老饕们准备的。澳大利亚产的一些有着类似风味的利口酒也是上乘之选，包括奥卡（Okar）和意大利人（The Italian）这两家阿德莱德山产区的品牌。此外，还有一种就是意大利的菲奈特（Fernet）了，因为其苦味极其浓郁厚重，刚接触苦酒和怕苦的朋友就不要轻易尝试了。笔者最喜欢的菲奈特品牌是布兰卡（Branca）。

味美思香甜酒

（参考第173页的插图）

香甜酒是鸡尾酒的一种，特指含有一整个鸡蛋的鸡尾酒，它和粗可可粉味美思堪称绝配：味美思带来的浓郁香草气息和可可粉充分混合，创造出了异常丰富的口感；而菲奈特布兰卡又给鸡尾酒带来了苦味和薄荷气息。这种味美思香甜酒绝对是你代替餐后甜点的不二之选。

50毫升（1¾ 液量盎司）可可粉味美思（详见下文）
10毫升（¼ 液量盎司）菲奈特-布兰卡
10毫升（¼ 液量盎司）加拿大枫糖浆
1个完整的鸡蛋

冰块，摇酒时使用
新鲜肉豆蔻，用作点缀

可可粉味美思（调制750毫升/ 25 ½ 液量盎司）
750毫升（25½ 液量盎司）卡帕诺古老配方味美思
50克（1¾ 盎司）可可粉

这款香甜酒需要提前3天开始准备材料。

首先制作可可粉味美思。将味美思和可可粉倒入密封袋中（最好是真空密封）浸泡3天。用细网筛过滤，滤去可可，将混合液倒入灭菌的玻璃瓶中（详见本书第78页），密封严实。在冰箱中保存，最长可以保存2周。

将所有材料倒入鸡尾酒摇酒器中，加入冰块。用力摇晃10秒，将过滤后的香甜酒倒入冰镇的酒杯中，用新鲜的肉豆蔻稍做点缀即可，味美思香甜酒就调好了。

柚子考比勒①

墨尔本雪梨酒吧（Mjølner）的负责人马克斯·哈特（Max Heart）贡献了这个考比勒配方。笔者本人对柚子很偏爱，少许柚子就能起到很好的作用。此外，柚子还可以将柑橘和草药的味道完美地结合在一起。

30毫升（1液量盎司）迈登尼经典味美思
20毫升（¾ 液量盎司）阿佩罗酒
20毫升（¾ 液量盎司）伏特加
5 毫升（⅛ 液量盎司）蜂蜜糖浆（详见本书第77 页）
3滴亚当博士蒲公英和牛蒡风味苦精

碎冰
30毫升（1液量盎司）卡比（Capi）日式柚子苏打水
柠檬角、紫苏叶，用作点缀

除了柚子苏打水，将所有材料倒入冰镇酒杯中混合，加入碎冰。用调酒匙用力搅拌，直到各个原料完全混合为止。

倒入柚子苏打水，用柠檬角和紫苏叶稍做点缀即可，柚子考比勒就调好了。

①考比勒：一种鸡尾酒，这种鸡尾酒必须加碎冰摇晃，产生如同河中卵石的声音，故得名。考比勒的主要品种有：白兰地考比勒（Brandy Cobbler）、香槟考比勒（Champagne Cabbler）和威士忌考比勒（Whisky Cabbler），译者注。

咖啡樱桃鸡尾酒

大部分人对于咖啡豆都不算陌生，但咖啡樱桃就很少有人知道了。晒干之后的咖啡樱桃果实又称卡斯卡拉（cascara），笔者很喜欢用它来泡一杯冰茶。只需用适量水冲泡，然后加点糖和柠檬就大功告成了。卡佩里提基安托（Cappelletti Chinato）口感十分丰富，能够显著提升饮品的质感，因而十分适合作为这款鸡尾酒的基酒。

45毫升（1½ 液量盎司）卡佩里提基安托
5毫升（⅛ 液量盎司）鲜榨浓缩咖啡
45毫升（1½ 液量盎司）冰镇卡斯卡拉（详见下文）
5毫升（⅛ 液量盎司）樱桃白兰地

1.2升水
冰块，饮用前加入
法布芮樱桃酱，用作点缀

冰镇卡斯卡拉（制作约1.2升/ 41 液量盎司）
50克（1¾ 盎司）卡斯卡拉
150克（5½ 盎司）超细砂糖

首先制作冰镇卡斯卡拉：将卡斯卡拉倒入大碗中，然后倒入1.2升（41液量盎司）的水。浸泡2小时。

用细筛子过滤，滤去卡斯卡拉，将过滤后的液体倒入干净的碗中，加糖。搅拌至糖溶解，倒入灭菌的玻璃瓶中（详见本书第78页），密封严实，在冰箱中保存，最长可以保存1周。

除了冰块，将所有材料倒入冰镇的高球杯中，搅拌混合。加入冰块，用法布芮樱桃酱稍做点缀即可，咖啡樱桃鸡尾酒就调好了。

小贴士： 你可以直接选购优质咖啡烘焙品牌的成品卡斯卡拉。

日烧鸡尾酒

这款鸡尾酒缘起还要从笔者小时候说起，那时每周都要喝12瓶一组的汽水，味道五花八门，而笔者最喜欢的是波特洛（portello）——一种葡萄味苏打水。这种苏打水充满了笔者的童年回忆，因而在这款鸡尾酒里，笔者用它代替了传统的苏打水，效果极好。

30毫升（1液量盎司）迈登尼甜味美思
15毫升（½ 液量盎司）苹果木奥卡酒（Applewood Okar）
2滴柠檬酸溶液（详见本书第77页）
60毫升（2液量盎司）波特洛葡萄苏打水

冰块，饮用前加入
柠檬桃金娘枝，用作点缀

除了波特洛和冰块，将所有材料倒入冰镇的高球杯中。轻轻地倒入波特洛苏打水，并小心地加入冰块，避免苏打水跑气。

用柠檬桃金娘枝稍做点缀即可，日烧鸡尾酒就调好了。

改进型汉克潘克鸡尾酒

萨缪尔

我与迈登尼合作，共同打造了这款改进型汉克潘克鸡尾酒。迈登尼有一款名为“小夜曲”的法式酒，全部选用当地原料酿制而成，其中包括雅拉谷产的黑松露。幸运的是，我们得到了一个之前盛装过迈登尼小夜曲的木酒桶，用来陈酿我们的海军强度金酒。之后，又在40年的甜雪莉酒桶中陈酿一个月收尾才算完。这批金酒酿好后，我们几乎是立刻想到了汉克潘克鸡尾酒。为了让口感更加明快，还加了一点保乐力加（Pernod）苦艾酒，改良型汉克潘克就这样诞生了。

40毫升（1¼ 液量盎司）迈登尼甜味美思
20毫升（¾ 液量盎司）四柱海军强度金酒
5毫升（⅛ 液量盎司）菲奈特-布兰卡
保乐力加苦艾酒，用来漂洗酒杯（详见本书第78页）

冰块，混酒时使用
1块岩石冰块，饮用前加入
螺旋形橙皮，用作点缀

将所有材料倒入鸡尾酒摇杯中，加入冰块。搅拌约20秒，直到冰块部分融化、酒体冰凉。

用苦艾酒漂洗冰镇的古典鸡尾酒杯，在杯中放入1块岩石冰块，然后将过滤后的鸡尾酒倒入杯中，用螺旋形橙皮稍做点缀即可，改进型汉克潘克鸡尾酒就调好了。

内格罗尼

多好的一种鸡尾酒啊！内格罗尼绝对是笔者最爱的鸡尾酒之一。我们迈登尼甜味美思就是以这种酒为重要参考研发的，确保可以用这种味美思调出一流的内格罗尼。四柱品牌在研发金酒的过程中也参考了内格罗尼。如果想换个花样，可以把经典的金巴利酒换成其他开胃酒。如同阿德莱德山酒庄的意大利人一般，奥卡也是来自南澳苹果木酒厂（Applewood Distillery）的佳酿。这是一款很棒的经典内格罗尼酒，当然笔者在下文中也给出了一些调整配料的方法。

30毫升（1液量盎司）迈登尼甜味美思
30毫升（1液量盎司）四柱品牌加香型内格罗尼金酒
30毫升（1液量盎司）金巴利酒
1块岩石冰块

螺旋形橙皮，用作点缀

在冰镇的经典鸡尾酒杯中放入1块岩石冰块，将所有材料倒入杯中。搅拌约30秒，直到冰块部分融化、酒体冰凉。用螺旋形橙皮稍做点缀即可，经典内格罗尼鸡尾酒就调好了。

根据口味调整配料

不喜欢苦味饮品?

试试用黑刺李金酒代替常规金酒，再把金巴利换成阿佩罗。

酒精度数能不能低一些?

试试用苏打水代替金酒，调成美国佬鸡尾酒。

不喜欢红色酒体?

试试用苏兹代替金巴利，然后把迈登尼甜味美思换成柯奇美国佬，调成白色内格罗尼。

喜欢波本酒?

用波本替换金酒就行，调成花花公子鸡尾酒（Boulevardier）。

想要更清爽一些?

用起泡酒代替金酒，调成斯巴里亚托（Sbagliato）。

想试试澳大利亚版本的内格罗尼?

只需把金巴利酒换成奥卡即可。

△ 经典内格罗尼的拥趸认为，没有金巴利酒的内格罗尼是没有灵魂的，但这并不妨碍你根据自己的口味和喜好，把金巴利换成别的酒。

——克里斯·海思德-亚当斯

三个半鸡尾酒

（参考第178页的插图）

潘托蜜味美思的名字意为“一个半”，代表了这款酒中的一份甜味和半份苦味。在味美思家族里，这款酒显然是口感比较丰富、口味偏苦涩的一种，用来调制啤酒鸡尾酒效果极佳。笔者选用最爱的霍尔盖特（Holgate）魅惑黑啤来调制三个半鸡尾酒。说起霍尔盖特，这个品牌就在我们哈考特（Harcourt）的味美思酒厂附近。对埋头苦干了一整天的人来说，还有什么比回家之前来上一瓶霍尔盖特啤酒更让人身心舒畅呢？

30毫升（1液量盎司）潘托蜜味美思
10毫升（¼ 液量盎司）佩德罗·希梅内斯雪莉酒（Pedro Ximénez）
90毫升（3液量盎司）霍尔盖特魅惑黑啤（Holgate Temptress stout）
芥末花生，搭配饮用

将味美思和佩德罗·希梅内斯雪莉酒倒入高球杯中。轻轻浇上黑啤，搭配芥末花生即可饮用。

老伙伴鸡尾酒

塞巴斯蒂安·雷本

1922年，哈里·麦克霍尔（Harry MacElhone）所著《鸡尾酒ABC》（*ABC of Cocktails*）第一次记载了这款鸡尾酒，与内格罗尼、曼哈顿等鸡尾酒品种有着密不可分的联系。老伙伴鸡尾酒与极苦、极干风味的曼哈顿非常相似，但相比之下更加突出黑麦的独特风味。

20毫升（¾ 液量盎司）诺瓦丽普拉干型味美思
40毫升（1¼ 液量盎司）布莱特黑麦威士忌
20毫升（¾ 液量盎司）金巴利酒

冰块，混合时使用
螺旋形柠檬皮，用作点缀

将所有材料倒入鸡尾酒摇杯中，加入冰块。搅拌约20秒，直到冰块部分融化、酒体冰凉。

将过滤后的鸡尾酒倒入冰镇的库佩特杯中，用螺旋形柠檬皮稍做点缀即可，老伙伴鸡尾酒就调好了。

活泼汽酒

这款鸡尾酒是马克·沃德的招牌鸡尾酒之一，使用瑞高酒庄活泼白味美思（Regal Rogue Lively white vermouth）调制而成。整体上更多呈现出的是白味美思的风格，再加上少许宜人的柑橘香味和与之平衡的澳大利亚百里香。这款酒适合作为开胃酒饮用，不过请尽量选用白色沼泽葡萄柚，这种葡萄柚能够提供足够的苦度。

45毫升（1½ 液量盎司）瑞高酒庄活泼白味美思
15毫升（½ 液量盎司）圣哲曼利口酒
15毫升（½ 液量盎司）白色沼泽葡萄柚果汁
数滴橙味比特酒

60毫升（2液量盎司）普罗塞克酒
冰块，饮用前加入
柚子角，用作点缀

除了普罗塞克酒和冰块，将所有材料倒入冰镇酒杯中，搅拌混合。轻轻地倒入普罗塞克酒，小心地加入冰块，避免饮品跑气。用柚子角稍做点缀即可，活泼汽酒就调好了。

汽酒

近年来，这款鸡尾酒的热度越来越高，原因也很简单：天热的时候，很多人只想喝杯汽酒开胃。汽酒三要素分别是葡萄酒、苦味成分和气泡——一般由苏打水（气泡水）提供。具体的选择非常多样，你几乎可以用任何酒和饮料来调制汽酒。味美思满足了三要素里的两个：它是一种葡萄酒，且略带苦味，所以只需简单加入苏打水就已经是汽酒了。下面是笔者最喜欢的配方，当然也给出了一些调整配料的方法。

60毫升（2液量盎司）迈登尼经典味美思
30毫升（1液量盎司）普罗塞克酒
15毫升（½ 液量盎司）苏打水（气泡水）

冰块，饮用前加入
橙角，用作点缀

除了冰块，将所有材料轻轻倒入冰镇的勃艮第杯中，搅拌混合。加入冰块，避免苏打水跑气，用橙角稍做点缀即可，汽酒就调好了。

根据口味调整配料

想来点花香气息？

加入少许橙花水或玫瑰水即可。

喜欢莓果风味？

加入15毫升（½ 液量盎司）黑醋栗味美思，用草莓稍做点缀。

喜欢汽酒，还想要更强烈的口感？

加入30毫升（1液量盎司）的金酒就行。

喜欢苹果风味？

用干型苹果酒代替普罗塞克酒。

喜欢苦味？

用潘托蜜味美思代替迈登尼经典味美思，或者简单滴入数滴橙味比特酒。

美国可乐鸡尾酒

该配方由悉尼PS40酒吧（PS40 in Sydney）的迈克尔·基姆（Michael Chiem）首创，以美国佬鸡尾酒为蓝本，选用独家的金合欢籽可乐（wattleseed cola）调制而成。这种可乐在迈克尔的酒吧里有售，当然实在买不到的话，也不是没有办法补救：将10毫升（¼ 液量盎司）的金合欢籽糖浆（详见本书第64页）与50毫升（1¾ 液量盎司）你最喜欢的可乐混合，就可以制作出属于你自己的金合欢籽可乐。

30毫升（1液量盎司）柯奇都灵味美思
30毫升（1液量盎司）金巴利酒

60毫升（2液量盎司）金合欢籽可乐或自制可乐
1块岩石冰块
橙角，用作点缀

除了可乐和冰块，将所有材料倒入冰镇古典鸡尾酒杯中，搅拌混合。轻轻倒入可乐，小心地放入岩石冰块，避免可乐跑气。再次搅拌，用橙角稍做点缀即可，美国可乐鸡尾酒就调好了。

日内瓦湖鸡尾酒

这是新西兰解忧酒吧的阿拉斯泰尔·沃克贡献的另一款鸡尾酒配方。日内瓦湖鸡尾酒口味清爽宜人，有着十足的龙胆味，盛装在高球杯中显得很是诱人。柯奇美国佬的龙胆苦味以及浓郁的橙香，配上苏兹的龙胆味可谓是相得益彰。味美思则带来了细腻精致的茴香气味，让这款酒的香气更上一层楼。

45 毫升（1½ 液量盎司）柯奇美国佬味美思
30毫升（1液量盎司）苏兹龙胆酒
2滴苦艾酒
100毫升（3½ 液量盎司）苏打水（气泡水）
冰块，饮用前加入
螺旋形柠檬皮，用作点缀

除了苏打水和冰块，将所有材料倒入冰镇高球杯中。轻轻倒入苏打水，小心地加入冰块，避免苏打水跑气。

用螺旋形柠檬皮稍做点缀即可，日内瓦湖鸡尾酒就调好了。

潘趣鸡尾酒

潘趣酒还得和朋友们一起喝才有味，毕竟，有迷信的说法认为，一个人喝潘趣酒可是会招来厄运的！

潘趣酒的原料多、种类也很多，往往在节庆场合饮用。因此，人们完全可以根据自己的喜好自由搭配。调配潘趣酒的一般原则是：

1.苦
2.甜
3.酸
4.强（高酒精度数）
5.弱（低酒度或不含酒精）

在这个指导原则之下，苦味可以是味美思、阿玛罗或苦精（其实任何苦度足够的材料都可以）；甜味可以选用利口酒或糖浆；酸味通常是指柑橘，但干型葡萄酒亦可，还有石榴汁、蔓越莓汁、苹果汁也都可以；任何种类的蒸馏酒都可以用来增强口感，但笔者个人最喜欢的还是金酒和白兰地。最后，弱元素通常是指不含酒精的软饮料，如苏打水（气泡水）、冰茶或者就是简单的水。简而言之，任何不引起身体反感、让你有继续喝下去欲望的饮品都可以作为弱元素加入。

雪酪潘趣酒

（参考第185—186页的插图）

笔者第一次实验这个配方时，味道只能说尚可，但缺乏鲜明的特点。之后，笔者试着加入了茶——这也是笔者最爱的鸡尾酒辅料。如果使用得当，茶可以为鸡尾酒和潘趣酒带来非常微妙的改变，并给它们一些骨干，让其他味道得以流行。一旦我加入了茶，味美思的味道似乎脱颖而出，你可以真正注意到迈登尼奎宁酒的苦涩的味道。很快，这款冲剂就从简单变成了超级明星。

12人份

300毫升（10液量盎司）柯奇美国佬粉红味美思（Cocchi Americano rosa vermouth）
300毫升（10液量盎司）迈登尼奎宁酒
200毫升（7液量盎司）墨尔本金酒公司的金酒
100毫升（3½ 液量盎司）圣哲曼利口酒
200 毫升（7液量盎司）红茶糖浆（详见本书第103 页）

500毫升（17液量盎司）苏打水（气泡水）
300毫升（10液量盎司）普罗塞克酒
潘趣冰块
金盏花、草莓和薄荷枝，用作点缀
软奶酪和新鲜的法式面包棒，搭配饮用（非必须）

除了苏打水、普罗塞克酒和潘趣冰块，将所有材料倒入一只大号的冰镇潘趣酒碗中。倒入苏打水和普罗塞克酒，再放入一大块潘趣冰块。

用金盏花、草莓和薄荷枝稍做点缀即可，雪酪潘趣酒就调好了，可以将其倒入冰镇的潘趣酒杯或葡萄酒杯中饮用。如果条件允许，还可以搭配软奶酪和新鲜的法式面包棒。

热饮味美思潘趣酒

口味清爽的潘趣酒其实并非冬日饮品的首选。然而，笔者在天冷时就时常想喝上一杯口感丰富、温暖的潘趣酒。这款潘趣酒可以提前做好，倒入保温杯中，然后带出去来一场愉快的冬季野餐。卡帕诺古老配方味美思十分浓郁，与这款潘趣酒中的辛辣口味搭配堪称完美。巧克力黄油能让这杯酒喝起来更有味儿，所以千万别留着舍不得放。

8人份

400毫升（13½ 液量盎司）可可粉味美思（详见本书第172页）
200毫升（7液量盎司）爱尔兰威士忌
100毫升（3½ 液量盎司）金合欢籽糖浆（详见本书第64页）
100毫升（3½ 液量盎司）橙味利口酒
100毫升 (3½ 液量盎司) 阿玛罗酒
1升（34液量盎司）沸水
50克（1¾盎司）巧克力黄油（详见本书第145页）
5克（⅛ 盎司）海盐

丁香橙皮和新鲜肉豆蔻，用作点缀
苦味巧克力和烤杏仁，搭配饮用

将所有材料倒入锅中，调至中火加热。搅拌并加热5分钟，直到温热为止。将潘趣酒倒入保温杯中保存。

准备饮用时，将其倒入茶杯中，用丁香橙皮和新鲜的肉豆蔻稍做点缀即可，热饮味美思潘趣酒就调好了。配上一些苦巧克力和烤杏仁饮用，风味更佳。

马格南[1]潘趣酒

笔者首创的这款马格南潘趣是为了笔者某次的生日聚会而特意准备的。我们在乡间租了一栋房子，希望在客人到来时能提供潘趣酒助兴。但是，笔者又不想在外边调酒，所以只能在家里调好，然后带到聚会地点去。既然是聚会，一般大小的葡萄酒瓶肯定是不够装了，于是，马格南潘趣酒应运而生。迈登尼经典味美思给这款潘趣带来了秋天的气息，带着泥土芬芳的姜黄味道和辛辣的石榴香气都很突出。

10人份

450毫升（15液量盎司）迈登尼经典味美思
200毫升（7液量盎司）白兰地
500毫升（17液量盎司）苹果酒
200毫升（7液量盎司）姜黄糖浆（详见本书第134页）
150毫升（5液量盎司）柠檬汁

冰块，饮用前加入
1个完整石榴的石榴籽，用作点缀
澳大利亚坚果脆饼，搭配饮用（详见本书第73页）

除了冰块，将所有材料倒入大壶中，然后小心地将混合物倒入冰镇的马格南酒瓶或两个普通酒瓶中。

饮用时，在冰镇酒杯中加入冰块和石榴籽，然后倒入潘趣酒。可搭配澳大利亚坚果脆饼饮用，风味更佳。

①马格南：指容量为1.5升的大号葡萄酒瓶。这一名字诞生于18世纪，“马格南”在拉丁文里是“大”的意思。

夏日味美思潘趣

这是一款充满饮用乐趣的夏季潘趣酒，由尼克·泰瑟尔和笔者合作调配而成，是一款含有西瓜汁的独特潘趣酒配方。做法很简单：把西瓜的瓜瓤挖出，剩下的西瓜就是潘趣酒的容器，饮用前只需用细筛过滤一下就可以了。这样方便、有趣的容器该如何制作呢？首先，将西瓜顶部切掉⅓，将切下来的部分切成两半、挖出瓜瓤，就是两个非常好用的固定底座，可以用来固定西瓜酒器。龙舌兰酒和西瓜堪称是天造地设的一对，而阿布森特味美思所具有的苦艾香气则让潘趣酒的整体风味更上一层楼。

10人份

500毫升（17液量盎司）阿布森特味美思
300毫升（10液量盎司）特隆巴白龙舌兰酒
250毫升（8½ 液量盎司）蓝莓酸葡萄汁
（详见本书第112页）
750毫升（25½ 液量盎司）鲜榨西瓜汁
150毫升（5液量盎司）青柠汁
250毫升（8½ 液量盎司）姜汁啤酒

潘趣冰块，饮用前加入
罗勒叶、薄荷叶和蓝莓，用作点缀

将所有材料倒入处理好的西瓜容器中，再放入一大块潘趣冰块，用罗勒、薄荷叶和蓝莓稍做点缀，夏日味美思潘趣就调好了。倒入冰镇的酒杯中即可饮用。

味美思分类大全

极干型（< 30 G/L）	干型（< 50 G/L）	半干型（> 50 < 90 G/L）	甜型（> 130 G/L）
阿德莱德山酒庄干型味美思	伯沙撒干型味美思	阿德莱德山酒庄桃红味美思	伯沙撒红味美思
格奈酒庄经典干型味美思	格奈酒庄白味美思	阿德莱德山酒庄红味美思	伯沙撒白味美思
康斯半干型白味美思	爪普干型味美思（Drapo dry）	伯沙撒桃红味美思	卡帕诺古老配方
杜凌干型味美思	马甘15 干型味美思（Margan off dry 15 ）	高尔夫老藤味美思	柯奇托里诺味美思
法国园林极干型味美思	穆拉萨诺干型味美思（Mulassano dry）	法国园林皇家白味美思（La Quintinye royal blanc ）	康塔图红味美思（Contratto rosso）
迈登尼干型	诺瓦丽普拉原始干型味美思（Noilly Prat original dry ）	拉库埃斯塔（Lacuesta ）	杜凌白味美思
曼奇诺塞克味美思	陈酿卡洛白味美思（Riserva Carlo Alberto white ）	迈登尼经典	杜凌红味美思
米洛半干型（Miro extra-dry ）	雷德干型味美思（Reid+Reid dry vermouth ）	马甘16甜味美思（Margan off sweet 16 ）	爪普红味美思（Drapo rosso）
爱德华山酒庄味美思（Mount Edward）		偏斜味美思（Skew vermouth）	鸢尾红味美思（Iris rojo）
奥斯卡697极干型味美思（Oscar 697 extra-dry ）		伊扎吉尔经典红味美思（Yzaguirre rojo clásico）	法国园林红美味思
赎金干型味美思		瑞高酒庄奢华红味美思	迈登尼甜型
雷文沃斯苦味奎宁水（Ravensworth Outlandish Claims bitter tonic）		瑞高酒庄活泼白味美思	曼奇诺白味美思
瑞高酒庄极干型味美思		瑞高酒庄野性桃红味美思	马天尼极致奢华（Martini gran lusso）
陈酿卡洛极干型味美思（Riserva Carlo Alberto extra-dry）		黄牌味美思（Yellow vermouth ）	米洛红味美思（Miro rojo）
昂科斯苹果薄荷味美思（Uncouth Apple mint ）			穆拉萨诺红味美思（Mulassano rosso）
维雅极干型（Vya extra-dry）			诺瓦丽普拉琥珀味美思
维雅微干型（Vya whisper-dry）			诺瓦丽普拉红味美思
			奥斯卡697 白味美思（Oscar 697 bianco）
			奥斯卡697 粉红味美思（Oscar 697 rosso）
			赎金甜味美思（Ransom sweet）
			陈酿卡洛红味美思（Riserva Carlo Alberto red）
			维佳诺味美思（Vergano）
			教授牌经典味美思（Vermouth del Professore classico）
			维雅甜型（Vya sweet）
			伊扎吉尔经典白味美思（Yzaguirre blanco classico）
			伊扎吉尔陈酿红味美思（Yzaguirre rojo reserva）

奎宁酒（金鸡纳酒）	美国佬（龙胆酒）
皮尔酒（Byrrh）	柯奇美国佬
科西嘉开胃酒（Cap Corse ）	迈登尼美国佬（Maidenii Long Chim Americano）
开普里提	
杜本内（Dubonnet）	
利莱白（Lillet blanc）	
利莱桃红（Lillet rosé）	
迈登尼托尼克酒（Maidenii La Tonique）	
雷奎宁酒（Rinquinquin）	
圣拉斐尔	

基安托味美思（VERMOUTH CHINATO ）	阿玛罗
玛莎雷诺酒庄巴罗洛（Bartolo Mascarello Barolo ）	柯奇剧院（Cocchi Dopo Teatro）
赛拉图酒厂巴罗洛（Ceretto Barolo ）	迈登尼小夜曲
柯奇巴罗洛	曼奇诺琥珀红（Mancino rosso amaranto）
伯格洛酒庄巴罗洛（G. Borgogno Barolo）	
卡佩拉诺巴罗洛（G. Cappellano Barolo）	
孔特诺酒庄巴罗洛（G. Conterno Barolo）	
甘恰酒庄古老配方巴罗洛（Gancia Antica ricetta Barolo）	
曼奇诺基安托（Mancino Chinato）	
马佳连妮酒庄巴罗洛（Marcarini Barolo）	
莫罗维佳诺巴罗洛（Mauro Vergano Barolo）	
拉格纳酒庄巴罗洛（Roagna Barolo）	
莫罗维佳诺基安托（Mauro Vergano Chinato）	

致谢

本书的撰写离不开专业人士的帮助支持，包括植物学家、酿酒师、厨师、调酒师和侍酒师。在撰写本书的过程中，笔者从他们身上学到了很多，衷心希望你也能在阅读过程中有所收获。

植物学家

裘德·迈尔

裘德·迈尔是户外大厨（OutbackChef）品牌的所有者，该品牌是澳大利亚原生食品的主要供应商和制造商。裘德提倡澳大利亚原生食品，发表过不少相关演说和著述，并帮助普及相关知识。30多年来，她也一直积极参与澳大利亚土著文化和澳大利亚原生植物的相关研究工作。

提姆·恩特维斯

提姆·恩特维斯教授是植物科学家、皇家植物园主任，同时也是现任国际植物园协会（IABG）的主席。2013年3月，恩特维斯被任命为维多利亚皇家植物园（the Royal Botanic Gardens Victoria）主任兼首席行政长官。此前，曾在英国皇家植物园的邱园（Royal Botanic Gardens Kew）担任过两年的高级职务。除此以外，提姆还在皇家及多曼植物园基金会（Royal Botanic Gardens and Domain Trust）担任过8年的执行主任。提姆为各种科学、自然和园林类杂志撰稿，在社交媒体上也一直颇为活跃[尤其是他的“植物闲谈（Talkingplants）”博客、非常受人欢迎]。他定期为包括澳大利亚广播公司的《生活蓝图》（*ABC RN Blueprint for Living*）在内的广播电台栏目撰稿，同时还参与了《植物闲聊》（*Talking Plants*）以及《当下时鲜》（*In Season*）两档节目的主持工作。

调酒师

阿拉斯泰尔·沃克 (ALASATIR WALKER)

沃克和他的妻子希瑟·佳兰（Heather Garland）一起经营着解忧酒吧。这间酒吧位于新西兰的奥克兰市。在搬去新西兰之前，阿拉斯泰尔在墨尔本经营着艾弗利酒吧，在那里他有幸得到了莎拉·佩特拉斯科（Sasha Petraske）和迈克尔·马德卢森（Michael Madrusan）的指点。

安迪·格里菲斯

作为地下酒吧集团（the Speakeasy Group）的创意天才，安迪是优秀的调酒师，同时也是一位极富探索精神的大厨，曾多次获得国际奖项。他热衷于美食、精酿啤酒、精制饮品，同时也善于发现优秀的调酒师同行。

尼克·泰瑟尔

2013年，尼克从布里斯班搬到了墨尔本，之后很轻松地融入了金酒宫的团队。尼克在金酒宫待了两年，快速成长成了一名成熟的调酒师。之后，墨尔本南部的高级餐厅吕梅开业，尼克出任吧台经理。2017年，在老朋友和同事休（Hugh）、劳伦（Lauren）和肖恩的帮助下，木偶利口酒（Marionette Liqueur）诞生了。目前，泰瑟尔在坏弗兰基（Bad Frankies）酒吧和位于菲茨罗伊（Fitzroy）的自由酒吧（Bar Liberty）工作。

卡蜜儿·拉尔夫·维达尔

作为调酒师出身的品牌大使，卡蜜儿在世界各地鼓励人们喝法式酒，尤其是她代言的圣哲曼利口酒。

克里斯·海斯特-亚当斯

克里斯·海斯特-亚当斯是全澳大利亚获奖颇多的调酒师之一，在墨尔本最出名的黑珍珠酒吧（Black Pearl）担任团队核心已有10年之久。他坚信，调酒是一门艺术，讲究的是恰到好处，太过认真反而调不出最好的酒。

爱德华·夸特马斯（EDWARD QUATERMA）

调酒师爱德华·夸特马斯出生于布里斯班，目前经营着位于南布里斯班的梅克酒吧。他热衷于使用澳大利亚原生的农产品和热带水果。

休·里奇

里奇在墨尔本金酒宫酒吧里——全墨尔本热门的鸡尾酒酒吧之一——调了4年鸡尾酒，每天从早到晚都在调制各种马天尼和鸡尾酒。也正是在这4年中，他对金酒、味美思、植物酒精和相关原料的制作产生了浓厚的兴趣。现在，里奇在一家名叫比特酒实验室（The Bitters Lab）的酒吧工作，身边堆满了各色比特酒、味美思和阿马里，他也协助迈登尼和墨尔本金酒公司酿酒，除此以外，里奇还是新成立的澳大利亚利口酒公司木偶利口酒的合伙人。

詹姆斯·康诺利

詹姆斯出生在英国，从小在英国长大，之后又在澳大利亚珀斯生活了十多年。作为龙城餐饮集团（Long Chim Group）的饮品部经理，康诺利喜欢沙滩、味美思、金酒、龙舌兰酒和梅斯卡尔椰林飘香鸡尾酒（mezcal piña coladas），尤其喜爱冰镇啤酒。

乔·琼斯

乔·琼斯是一位调酒师，同时也是餐馆老板和行业顾问，目前在墨尔本工作。他专注于修炼删繁就简的经典美式调酒技法，而调出的酒品往往又带有欧式风味。想要品鉴琼斯的手艺，可以到罗密欧小巷酒吧（Romeo Lane，荣获澳大利亚时代美食指南2016年度酒吧奖，*TimeOut* 生活杂志2017年度鸡尾酒吧奖和2017年度调酒师奖）和墨尔本新开张的酒吧餐厅梅菲尔（The Mayfair）去体验一下。

劳顿·库珀

劳顿·库珀是一名调酒师和职业接待人员，目前常驻维多利亚州的卡索曼（Castlemaine）。库珀一开始在当地的酒吧工作，后来又转到餐馆，从好桌餐厅（The Good Table）开始干起，之后经营起露天鸡尾酒酒吧希克斯特（Hickster）。目前库珀在罗拉小酒馆（Bistor Lola）——一家位于卡索曼历史悠久的皇家剧院附近的小酒馆——担任前厅经理一职。

马克·沃德

马克原先是职业调酒师，后来转而去酿造味美思。澳大利亚知名味美思品牌瑞高酒庄的味美思就出自马克的手笔。

迈克尔·基姆

迈克尔·基姆是PS40酒吧的共同所有人之一，同时也是该酒吧的职业调酒师。位于悉尼中心CBD核心区域的PS40酒吧有着两个第一：第一家开设在这里的鸡尾酒吧，也是第一家开设在这里的苏打水生产商。2017年，PS 苏打水开始批量上市销售。该品牌的苏打水的灵感来源于鸡尾酒和澳大利亚原生原料，使用新鲜农产品制成且不含防腐剂。2016年，迈克尔被《澳大利亚调酒师》（*Australian Bartender magazine*）杂志评为年度调酒师，PS40则获得了*Time Out*生活杂志2017年年度最佳新开业酒吧奖，位列澳大利亚调酒师2017年最佳鸡尾酒榜单之列，同时还获得了2017年新南威尔士州年度最佳鸡尾酒酒吧奖。

山姆·柯蒂斯

山姆从事调酒工作已有15年的时间，对鸡尾酒始终充满了热情。他喜欢一些稀奇古怪的口味组合，常和同事一起进行新的尝试。山姆来自英国，现在以澳大利亚为家，常驻拜伦湾地区。

萨缪尔

萨缪尔的调酒生涯始于墨尔本周边的数家酒吧，最终他成功加入了历史悠久的黑珍珠鸡尾酒吧，成为团队里不可或缺的重要成员之一。在此之前，他还曾短暂地在纽约的非请莫进酒吧（Employee Only）工作过一段时间。目前，萨缪尔在四柱金酒公司担任公司驻亚太地区的金酒品牌大使。

塞巴斯蒂安·科斯特洛

塞巴斯蒂安·科斯特洛有着长达18年的职业调酒师生涯，曾参观过50多家酒厂和大量的葡萄酒厂。他喜欢所有酒类。在过去的四年里，科斯特洛经营着位于墨尔本菲茨罗伊（Fitzroy）的坏弗兰基酒吧，该酒吧是澳大利亚第一家提供全部饮品都是澳式饮品的蒸馏酒酒吧。

塞巴斯蒂安·雷本

雷本的一生都在酒类行业工作。作为酒吧的经营和管理者，雷本开设了1806酒吧，其名列全球最佳鸡尾酒榜单之上；他在蒙德餐厅（Vue de Monde）的路易酒吧（Lui Bar）创建了鸡尾酒项目，让该酒吧赢得了最佳餐厅酒吧奖；他还参与共同创建了伤心人酒吧（Heartbreaker），该酒吧获得了最佳派对酒吧、最佳调酒师酒吧和澳大利亚时代美食指南的年度酒吧奖。而作为调酒师，他帮助在澳大利亚推广42 Below伏特加、666纯塔斯马尼亚伏特加（666 Pure Tasmanian Vodka）和百加得马天尼，让这些酒走进更多澳大利亚人的生活之中。作为酿酒师，他和同为酿酒师出身的德拉维·麦高恩（Dervilla McGowan）博士共同创立了安泽尔蒸馏酒品牌（Anther Spirits），以打造美味的澳大利亚金酒为己任。雷本拥有安泽尔蒸馏酒品牌的一半股权。

塞巴斯蒂安·德博梅斯

德博梅斯是一位著名的调酒师，现任三只猴子威士忌驻美国的品牌大使。因其出色的调酒技艺、服务意识和领导能力，德博梅斯赢得了多个奖项，包括两个澳大利亚酒吧奖和一个昆士兰生活方式奖。如果既不在调酒、也不在环游世界或滑雪，德博梅斯一定在纽约。他是一个葡萄酒爱好者，同时也痴迷于烹饪和混合各种不同的口味。

翠丝·布鲁

翠丝·布鲁有着远超常人的亲和力和个人魅力，目前的墨尔本金酒宫酒吧可以说就是由她一手撑起来的。翠丝赢得了*Time Out*生活杂志2018年度最佳调酒师的称号。

侍酒师

亚历山大·让（ALEXANDRE JEAN）

亚历山大·让在巴黎工作多年，曾在银塔（LA Tour d'Argent）、卢卡斯·卡东（Lucas Carton）和阿斯特兰斯（Astrance）等知名餐馆工作，之后转而从事行业顾问工作，与伯爵夫人餐馆保持着密切合作关系。

马克·雷吉纳托

作为土生土长的阿德莱德本地人士，马克·雷吉纳托在世界各地的酒店业担任管理职位（主要在英国），之后又开设了自己的酒类分销公司：康奈葡萄藤（Connect Vines）和蒸馏酒之人（Man of Spirit），这两家公司在业界都颇受好评。

尼古拉·穆纳里，伦敦泰勒文酒吧总经理

尼古拉·穆纳里出生于意大利皮埃蒙特，曾在亚洲、澳大利亚、新西兰、法国和英国从事葡萄酒和饮品行业相关的诸多工作。目前，尼古拉常驻巴黎，并于最近加入了拉韦尼克（La Vinicole）品牌。该品牌是鼎鼎有名的莫意克家族（Moueix family）的一支，主要负责分销工作。

劳尔·莫雷诺·亚格，提伯餐厅侍酒师

劳尔·莫雷诺·亚格来自西班牙塞维利亚，对各国雪莉酒都了然于心，是一位职业侍酒师和酿酒师，曾获澳大利亚时代美食指南2018年度侍酒师奖。

瑞贝卡·莱恩（REBECCA LINES），悉尼班克斯酒吧

2009年，在比利王餐厅工作的瑞贝卡结识了哈米什（Hamish）。当时的她怎么也想不到，就在2010年，两人就会一起拥有一家名叫"Bar H"的酒吧餐厅。2012年，瑞贝卡入围伊莱克斯年度青年餐厅经营者奖，四季酒店开业前，哈米什和瑞贝卡一起就酒吧和餐厅提供了专业的咨询建议。瑞贝卡热爱精品味美思并促成了班克斯酒吧的开业，这也是全澳大利亚第一家味美思主题餐厅酒吧。

厨师

本·谢里，墨尔本阿提卡餐厅主厨

本·谢里出生于新西兰北塔拉纳基（North Taranaki，位于新西兰北岛的西海岸，地形十分崎岖）的乡村地区，是墨尔本知名餐厅阿提卡的主厨和老板。本一直以来提倡负责任、可持续发展的餐饮烹饪观，也是3个孩子的父亲。

哈米什·英格汉姆（HAMISH INGHAM），悉尼班克斯酒吧

自2000年担任比利王餐厅的主厨以来，哈米什一直在悉尼餐饮界默默耕耘、取得了不少成就。2004年，哈米什获得了著名的约瑟芬·皮尼奥莱年度青年厨师奖，随后他前往美国，先是在纽约的格拉美西酒馆（Gramercy Tavern）、艾米烘焙店（Craft and Amy's Bakery）工作，之后又辗转旧金山，在埃利斯·华德（Alice Water）创办的潘尼斯之家餐厅（Chez Panisse）工作。哈米什标志性的烹饪一直是天然去雕饰的自然风格，对于各种味道的运用虽然大胆，却总能烹制出最为自然轻盈、和谐平衡的菜品。

英德拉·卡里略，巴黎伯爵夫人餐馆

2017年，时年仅29岁的墨西哥大厨英德拉·卡里略就在巴黎开设了自己的第一家餐厅。凭借丰富的履历和灵活多变的厨艺，很多美食评论家都给了他很高的评价。

凯莉·王，悉尼比利王餐厅

在如今的澳大利亚，凯莉·王已经成为中国现代烹饪的代名词。作为第三代移民，她在悉尼开设了著名的比利王餐厅，通过将澳大利亚独有的原生食材与传统的中国烹饪方法和口味相结合，重新定义了现代化粤菜的烹饪。凯莉的菜品以当地种植的有机和生物动力产品为基础，同时也十分重视澳大利亚原生食材的运用。

ANTHER

关于作者

吉尔·拉巴鲁斯

吉尔·拉巴鲁斯拥有30多年的从业经验，可以毫不夸张地说，葡萄酒在他的血管里流淌。作为勃艮第克吕尼（Cluny）地区的一个葡萄酒家族的第三代成员，吉尔的职业发展足迹遍布法国勃艮第、朗格多克、梅多克和博若莱地区，远的如托斯卡纳、坎帕尼亚、智利还有澳大利亚也都见证了他的酿酒师生涯。作为一名教育家，吉尔还是法兰西味觉学院（Institut Français du Gout）的成员，致力于在法国发展味觉教育。2001年，吉尔移居澳大利亚，在维多利亚州卡索曼附近的萨顿园酒庄任职，担任生物动力葡萄种植和酒类酿造经理。2011年，在遇到本书的另一位作者肖恩之后，吉尔第一次尝试使用植物材料酿酒，之后又成了迈登尼味美思品牌的联合创始人。2009年，在与迈登尼保持合作的同时，吉尔也成立了自己的葡萄酒公司拉巴鲁斯之家（Maison LAPALUS），贴有“贝特朗订制”（Bertrand Bespoke）的标签出售。

肖恩·拜恩

自打获得从业许可证之后，肖恩就一直在调酒。在英国的餐厅和酒吧工作了4年后，他回到了澳大利亚，成为金酒宫大家族的一员。肖恩在金酒宫待了足足8年，在此期间，他和吉尔相识、之后一起创办了迈登尼品牌。他还取得了创业学位、成立了好方法（Good Measure）咨询公司，还在那里结识了未来的妻子艾伦（Ellen）。离开金酒宫后，肖恩又参与创办了另一家新公司木偶品牌——一家直接与澳大利亚农民合作，主打利口酒生产的公司。谁知道他下一步又打算做什么呢？虽然肖恩的妻子一直说“不要再做新的生意了！”，但可以肯定的是，他永远也不会真正离开饮品行业。

参考书目

Banks, Leigh and Nargess, *The Life Negroni*, Spinach Publishing, 2015.

Brickell, Christopher (ed.) *Encyclopedia of Plants & Flowers*, Dorling Kindersley, 2010.

Brown, Deni, *Encyclopedia of Herbs*, Dorling Kindersley, 2008.

Brown, Jared and Anistatia Miller, *The Mixellany Guide to Vermouth and Other Apéritifs*, Mixellany, 2011.

Craddock, Harry, *The Savoy Cocktail Book*, Pavilion, 2011.

DeGroff, Dale, *The Essential Cocktail*, Clarkson Potter, 2008.

Difford, Simon, *Gin: The Bartender's Bible*, Firefly Books, 2013.

Ford, Adam, *Vermouth: The Revival of the Spirit that Created America's Cocktail Culture*, Countryman Press, 2015.

Garrier, Gilbert, *Histoire Sociale et Culturelle du Vin*, Larousse, 1998.

Harrison, Lorraine, *RHS Latin for Gardeners*, Mitchell Beazley, 2012.

Laws, Bill, *Fifty Plants that Changed the Course of History*, David and Charles, 2010.

Lewis, William, *An Experimental History of the Materia Medica*, Johnson, 1791.

Low, Tim, *Wild Food Plants of Australia*, Angus & Robertson, 1991.

MacElhone, Harry, *Harry's ABC of Mixing Cocktails*, Souvenir Press, 2010.

Maiden, Joseph Henry, *The Useful Native Plants of Australia*, Turner and Henderson, 1889.

Mayall, Jude, *The Outback Chef*, New Holland, 2014.

McGovern, Patrick, *Ancient Wine: The Search for the Origins of Viniculture*, Princeton University Press, 2003.

McGovern , Patrick, *Uncorking the Past: The Quest for Wine, Beer, and Other Alcoholic Beverages*, Berkeley University of California, 2009.

Miller, Anistatia and Jared Brown, *Shaken Not Stirred: A Celebration of the Martini*, William Morrow Paperbacks, 2013.

Montanari, Massimo and Jean-Louis Flandrin, *Histoire de L'alimentation*, Fayard, 1996.

Monti, François, *El Gran Libro del Vermut*, Ediciones B , 2015.

Morgenthaler, Jeffrey, *The Bar Book: Elements of Cocktail Technique*, Chronicle Books, 2014.

Newton, John, *The Oldest Foods on Earth*, NewSouth Publishing, 2016.

Page, Karen and Andrew Dornenburg, *The Flavor Bible*, Little Brown and Company, 2008.

Parsons, Brad Thomas, *Amaro: The Spirited World of Bittersweet, Herbal Liqueurs*, Ten Speed Press, 2016.

Rare Vermouth Greats, 5Star Cooks, 2017.

Regan, Garry, *The Negroni: A Gaz Regan Notion*, Mixellany, 2013.

Robinson, Jancis, *Le Livre des Cépages*, Hachette, 1986.

Robinson, Jancis, Julia Harding and José Vouillamoz, *Wine Grapes: A Complete Guide to 1,368 Vine Varieties, including their Origins and Flavours*, Allen Lane, 2012.

Stewart, Amy, *The Drunken Botanist*, Algonquin Books of Chapel Hill, 2013.

Tanner, Hans and Rudolf Brunner, *La distillation moderne des fruits*, Editions Heller, 1982.

Willis, Kathy and Carolyn Fry, *Plants: From Roots to Riches*, John Murray, 2014.

Wittels, Betina J. and Robert Hermesch, *Absinthe, Sip of Seduction: A Contemporary Guide*, Revised Edition, ed. T.A. Breaux, Speck Press, 2008.

Wondrich, David, *Punch*, Perigee, 2010.

www.eur-lex.europa.eu

www.oiv.int

www.penn.museum

www.vermouth101.com

鸣谢

肖恩·拜恩

我首先要感谢我的妻子艾伦，在写这本书所需要的测试和品鉴过程中，她忍受了我们家散落的数百个瓶酒。谢谢你，亲爱的，你在这个过程中真的给予了我很大的支持和帮助。

尼克·泰瑟尔和休·里奇都是本书撰写过程中不可或缺的人物：他们慷慨地伸出援手、帮助调配和品尝鸡尾酒。没有他们的帮助，本书将不可能完成，所以在这里谢谢你们。

对那些为本书提供内容的人，我深表感谢：你们分享的精彩食谱和有趣知识都让这本书更加引人入胜。我们还要感谢卡梅伦·麦肯齐，感谢他撰写的关于杜松的文字内容（当然还有调制出的金酒，非常美味）。

感谢Hadie Grant出版社的团队，是他们的努力让这本书的出版成为可能。感谢安德里亚·奥康纳（Andrea O'Connor）——我们耐心的编辑，是他把我们杂乱无章的文字变成了连贯成篇的作品。此外，我们还想感谢杰克·霍金斯（Jack Hawkins），他真的是一位非常神奇的摄影师，拍摄出的美酒仿佛如正在流淌一般鲜活灵动，真的非常感谢！

最后，我还想感谢所有热爱味美思的人，无论是生产者、调酒师还是品鉴者，感谢你们能够享受这种饮品带来的快乐——这种我们都无比热爱的饮品。

吉尔·拉巴鲁斯

这本书的诞生颇有些机缘巧合。当时，我和肖恩与Hadie Grant出版社的简·威尔森（Jane Willson）联系，希望能将佛朗索瓦·蒙蒂所著的《味美思大全》（*El Gran Libro del Vermouth*）这部书翻译成英文。威尔森对味美思这一主题的热情感染了我们，于是，我们决定自己为新一代的味美思爱好者们写一本书，本书也就正式诞生了。

非常感谢我在世界各地的亲朋好友：他们为我提供了各种美食和美酒，特别是我的伙伴裘德·安德森（Jude Anderson），他是我味美思探索历程中的第一个读者和品鉴者，谢谢你们。

感谢热心的本地植物材料供应商裘德·迈尔；感谢维多利亚皇家植物园的提姆·恩特维斯，他对我们的“酿酒植物药材之旅”（Boozy Botanicals tour）给予了大力支持，同时作为植物学家，他也给出了许多专业见解。特别感谢马克斯·艾伦对味美思复兴运动的支持，以及对本书的贡献。同时也要感谢麦克·贝尼（Mike Bennie），他非常支持手工葡萄酒和蒸馏酒的复兴与发展。

非常感谢弗农·查克（Vernon Chalker），他是迈登尼味美思的关键人物。还有让·米歇尔，他和肖恩一起，参加了缔造迈登尼的第一次会议。此外，还要感谢本·谢里和班卓·哈里斯（Banjo Harris Plane），2012年迈登尼酿造出了第一款味美思，而他们就是这款味美思的忠实拥趸。

非常感谢劳伦·邦科夫斯基（Lauren Bonkowski），她是迈登尼品牌的设计师，也是这本书幕后的设计者。衷心感谢所有厨师、调酒师和其他为本书做出贡献的人。

非常感谢我们的植物材料供应商特别是苦艾的提供商，具体包括：吉纳维芙、玛蒂娜、塔拉、弗兰克和梅丽莎、罗莎和柯林，还有安德烈，此外，还要感谢我们的葡萄种植商，包括伊恩、斯图尔特、大卫、雷蒙和史蒂夫。

特别感谢所有饮用迈登尼味美思的酒友，无论是在酒吧、餐馆自斟自饮，还是在家中与亲朋好友一起分享，感谢您对迈登尼品牌的支持与喜爱。

感谢墨尔本梅菲尔酒吧提供的拍摄场地，效果非常好！

索引

M

N

O

P

Q

图书在版编目（CIP）数据

调酒之魂：味美思酒/（澳）肖恩·拜恩（Shaun Byrne），（澳）吉尔·拉巴鲁斯（Gilles Lapalus）著；（澳）杰克·霍金（Jack Hawkins）摄影；杨凯文译．—武汉：华中科技大学出版社，2022.4

ISBN 978-7-5680-8071-2

Ⅰ.①调… Ⅱ.①肖… ②吉… ③杰… ④杨… Ⅲ.①葡萄酒－基本知识 Ⅳ.①TS262.61

中国版本图书馆CIP数据核字（2022）第047627号

调酒之魂：味美思酒
Tiaojiu zhi Hun: Weimeisi Jiu

[澳] 肖恩·拜恩（Shaun Byrne）
[澳] 吉尔·拉巴鲁斯（Gilles Lapalus） 著
[澳] 杰克·霍金（Jack Hawkins）摄影
杨凯文 译

出版发行：华中科技大学出版社（中国·武汉） 电话：（027）81321913
华中科技大学出版社有限责任公司艺术分公司 （010）67326910-6023
出 版 人：阮海洪

责任编辑：莽 昱 谭晰月
责任监印：赵 月 郑红红 封面设计：邱 宏

制 作：邱 宏
印 刷：广东省博罗县园洲勤达印务有限公司
开 本：720mm×1020mm 1/16
印 张：13
字 数：102千字
版 次：2022年4月第1版第1次印刷
定 价：168.00元

华中出版

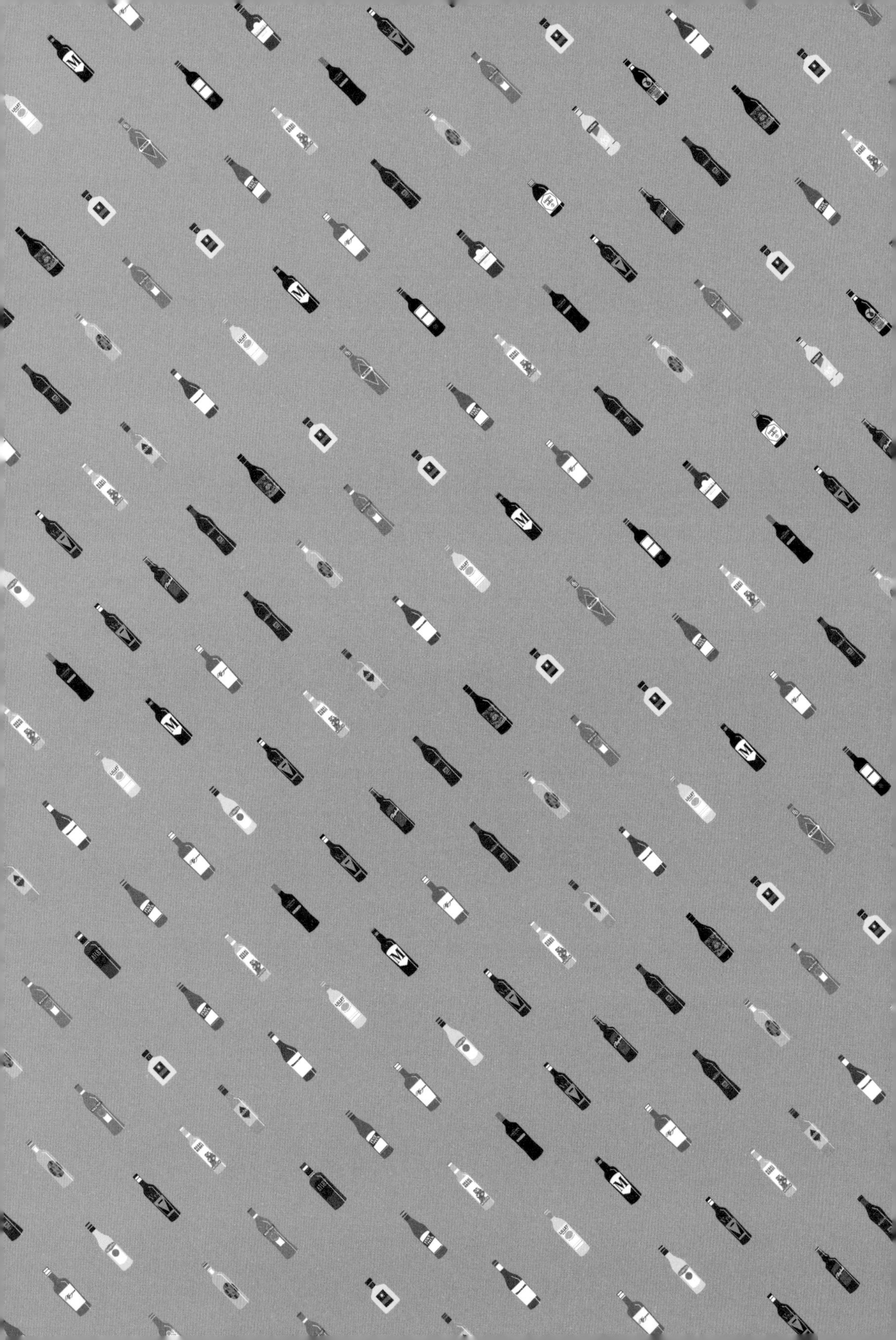

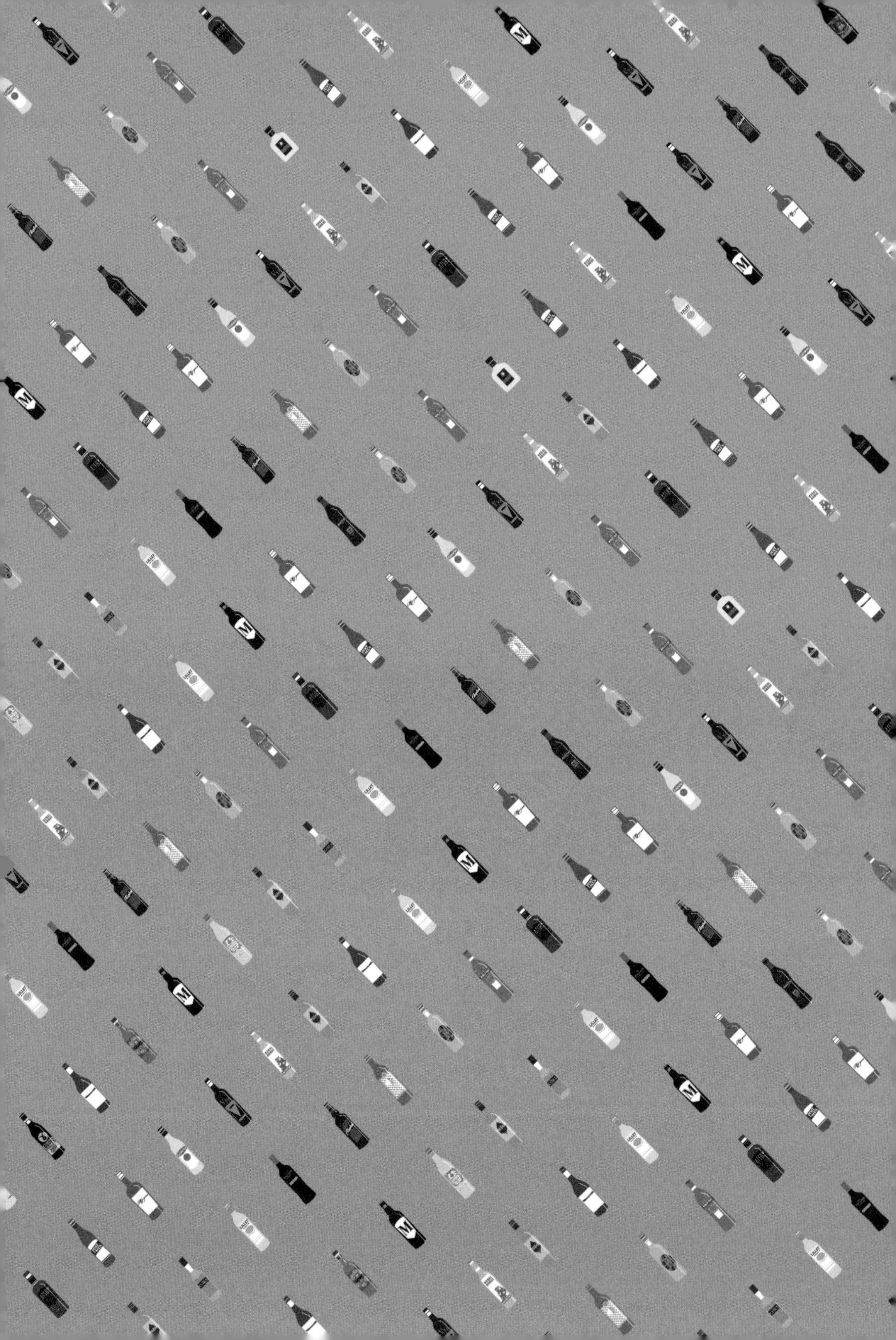